ファブリーズはいらない【増補改訂版】

危ない除菌・殺虫・くん煙剤

渡辺雄二 著

緑風出版

プロローグ

消費者を惑わす「ファブリーズ」のCM

毎日テレビでは膨大な数の製品が宣伝されていますが、その中でも目立つのはP&G（プロクター・アンド・ギャンブル・ジャパン）の「ファブリーズ」のCMです。最近では、元プロテニスプレイヤーの松岡修三を起用したCMが盛んに流れています。常にパワフルで元気いっぱいの松岡修三は、現代人には数少ないキャラクターとして人気が高まっていて、その著書や日めくりカレンダーも売り上げを伸ばしています。そんな人物を起用して、好感度を高めるという戦略のようです。

しかし、CMの内容にはいろいろと問題があります。布団など洗えないものに「ファブリーズ」をスプレーすると、日光に当てた以上の除菌ができるとうたっていますが、実際にそうなのか疑問を感じます。また、「『ファブリーズ』で洗おう」というキャッチフレーズを流していますが、「ファブリーズ」をいくらスプレーしても、衣類やカーテンなどに付着した汚れを落とすことはできません。にもかかわらず、「洗おう」とうたうのは、ある意味で消費者を欺いているといえます。

最近では、「クリーニング級の消臭パワー」と大々的に宣伝していますが、クリーニングの場合、汚れを落とすことによってにおいも取っているわけであって、成分をスプレーすることで消臭する「ファブリーズ」とは根本的に違います。それを同様な効果であるかのごとく宣伝するのは、誇大広告の疑いがあります。

ほかにもいろいろCMが流れていますが、どれも首をかしげざるを得ないようなものばかりです。

「ファブリーズ」に対する疑問の声

「ファブリーズ」の奇妙なCMが流れ始めたのは、十数年前のことです。臭いのするカーテンやソファ、ぬいぐるみなどにスプレーすると、臭いがとれてしまう。だから、洗う必要も日光消毒する必要もない――。

しかし、多くの人は「なんか、おかしい」と感じたはずです。カーテンやソファなどが臭うのは、それに汚れや汗などが付いて、それが臭いのもとになっているからです。したがって、本来なら洗うか、綺麗に拭くことによって、臭いをとればいいわけです。

ところが、「ファブリース」の場合はまったく違います。成分をスプレーするだけで、嫌な臭いがたちどころに消えてしまうというのです（実際はそんなことはありませんが）。「じゃあ、汚れはどうなるんだ？」「吹き付けられた成分は安全なのか？」と、感じた人が多かったでしょう。

「ファブリーズ」が発売された頃、私は全国各地で講演を行なっていましたが、参加者から『ファブリーズ』は問題ないんですか？」という質問を何度もいただきました。「ファブリーズ」のCMを見ていた消費者の中にも、同様な疑問を抱いた人は少なくなかったのではないかと思います。

「臭い物にふた」ということわざがあります。臭いの根本的な原因を取り去らずに、ふたをして臭いをごまかす、という意味ですが、「ファブリーズ」もまさしくこれと同じです。根本原因を解決せずに、対症療法的に臭いをなくそうというものです。多くの人が同様に感じて、「問題ないんですか？」と、質問してきたのだと思います。

「どこかおかしい！」

衣類やカーテンなどが臭うのは、何らかの臭いの原因があるからです。したがって、その臭いをとるためには、原因を取り除くことが必要です。すなわち、洗濯や水ぶきなどによって、汚れを落とすようにすることです。ところが、「ファブリーズ」は、そうした当たり前のことを否定する商品なのです。

「ファブリーズ」をスプレーすると、汚れを覆うように消臭成分や除菌成分が付着します。それによって臭いがしなくなるといいますが、汚れそのものが除かれるわけではありません。したがって、スプレーし続ければ、汚れは重なるばかりで、不潔な状態になってしまうでしょう。

また、スプレーされた消臭成分や除菌成分が、室内に拡散することになります。除菌成分は、細菌やカビなどを殺したり、増殖を抑える作用のある化学物質です。つまり、細菌やカビにとっては、「毒」なのです。そんなものを人間が吸い込み続けて、体に悪影響が出ないのか、不安なものを感じます。とくに乳幼児への影響が心配されます。

「ファブリーズ」以外にも、「リセッシュ」（花王）や「ルックきれいのミスト」（ライオン）など似たような除菌・消臭スプレーが売り出されましたが、まったく同じことがいえます。

虫にとっての「毒」は、人間とっても「毒」？

今やドラッグストアやスーパーなどには、除菌・消臭スプレーのほかにも、トイレ用スプレー、くん煙剤、ゴキブリ退治スプレー、殺虫剤、防虫剤など、除菌や、殺虫、防虫のための製品が溢《あふ》れんばかりに陳列されています。しかし、それらは安全なものなのでしょうか？ また、本当に必要なものなのでしょうか？

もともとこれらの製品は、三〇年くらい前にはなかったものが多いのです。しかし、それほど不便は感じていなかったはずです。

ところが、各メーカーは様々な化学物質を配合して、次々に新しい製品を作り出し、それらをテレビCMなどによって宣伝し、販売を広げてきました。それらの製品は、一見便利で役立ちそうに見えますが、その多くは本来なくても困らないものなのです。ぜひ一度、「無駄なお金を使っていないか?」、考えていただきたいと思います。

また、安全性についても、考えていただきたいと思います。除菌・消臭スプレーは、細菌やカビを殺したり、増殖を抑えます。くん煙剤は、ゴキブリやノミを殺します。蚊取り線香は、蚊を殺します。防虫剤や虫除けスプレーは、虫を寄せ付けません。殺虫プレートはハエなどを殺します。

つまり、虫などにとっては、いずれも「毒」なのです。そうした化学物質が、人間に何も影響しないということがあり得るのでしょうか? 自分でも気づかないうちに、それらの化学物質の影響で体調が悪くなっている可能性もあるのです。

シックハウス症候群、アレルギー、がん

最近、シックハウス症候群になる人が増えていて、問題になっています。目や鼻への刺激、頭痛、めまい、動悸、皮膚炎、倦怠感などが主な症状です。原因は、住宅の建材や壁紙などから出

る揮発性の化学物質が原因とされていますが、防虫剤や殺虫剤などでも発症することが分かっています。したがって、日頃何気なく使っている殺虫スプレーや防虫剤などが、それらの症状を引き起こしているかもしれないのです。

また、アレルギーを引き起こしていないか心配されます。アレルギーは免疫反応の一種で、ある意味では体を守る防衛反応、あるいは警告反応といえます。タバコの煙を吸い込んだ子どもが咳をしたり、ゼンソクになったりすることがありますが、煙の中には有害な物質が数多くふくまれているので、咳をすることで、それらが体内に入り込むことを防いでいるのです。

したがって、除菌成分や殺虫成分、防虫成分などに対して、体が自分を守ろうとした場合、ゼンソクやジンマシンなどのアレルギーを発症することがあると考えられます。

さらに、怖いのはがんの引き金になるのではないかという点です。というのも、動物実験で発がん性が認められた化学物質が使われている製品が少なくないからです。

実は「バルサン」、「パラゾール」、「バポナ殺虫プレート」などには、発がん性物質が含まれていて、それらが空気中に放出されているのです。したがって、それらを吸い込み続けた場合、肺などの細胞ががん化する確率が高くなることが考えられます。

自分の目と頭で判断を

本書で取り上げた製品は、安全性が不確かで、本来は「必要ないんじゃないの?」というものばかりです。どうして、こうした製品が次々に開発され、売り出されるのでしょうか？

その根本原因は、各メーカーが、消費者のための製品作りを心がけていないからだと思います。

私はこれまで、『週刊金曜日』（金曜日刊）という雑誌の「買ってはいけない」「新・買ってはいけない」というコーナーで、長年に渡って除菌・消臭スプレーや殺虫剤、防虫剤などのあぶない商品を実名で取り上げ、問題点を指摘してきました。そうした中でつくづく感じるのは、企業はとにかく利益をあげるためなら、必要であろうがなかろうが、安全性が十分確認されていようがいまいが、何でも作り出すということです。

そして、テレビなどで宣伝して、「必要で、便利なものだ」と消費者に思い込ませて、売りまくるのです。行政はそうした行為を、ほとんど規制しようとはしません。「自由経済、自由競争」というわけです。

ですから、消費者は、自分の目と頭で、「本当に必要なのか？」「安全性は高いのか？」を判断しなければならないのです。

そうしないと、商品の洪水に押し流されて、気が付いたときには、狭い家の中は不必要な製品で溢《あふ》れ返り、場合によっては、体調もよくないということになりかねないのです。そうならないために、本書が少しでもお役に立つことを願ってやみません。

ファブリーズはいらない【増補改訂版】
危ない除菌・殺虫・くん煙剤

目　次

プロローグ・3

1章 P&G「ファブリーズ」は使ってはいけない・18

4章 「バルサン」に含まれるあぶない成分・84

5章 「ゴキジェットプロ」を使わない方法・101

1章

P&G「ファブリーズ」は使ってはいけない

必要ない製品ほど宣伝が必要

商業には一つの鉄則があります。それは必要のないものほど宣伝をしないと売れないということです。米や塩、砂糖、しょうゆなどの必需品は宣伝をしなくても売れます。ですから、これらの商品のテレビCMを見かけることほとんどありません。ところが、本来必要でない商品、これらはなくても困らないわけですから、宣伝を積極的に行なって、「必要なものですよ」「便利なものですよ」と消費者に思い込ませないと売れないわけです。その典型が、「ファブリーズ」と言えるでしょう。

「ファブリーズ」のテレビCMを見かけない日はないくらい、毎日宣伝されています。とくにワイドショーなど主に主婦が見る番組の時間帯に流されています。最近は元プロテニスプレイヤーの松岡修三が登場するＣＭが頻繁に流されています。カーテンや衣類などに「ファブリーズ」をシュッシュッとスプレーするだけで、洗ったようにきれいになって、嫌なにおいもスッキリとれるということを強調しています。また、天日に干したように消毒できる点も強調されています。あげくのはてには、「『ファブリーズ』で洗おう」なんてことまで言っています。

でも、これらのＣＭ、とくに、「『ファブリーズ』で洗おう」は、景品表示法の優良誤認に該当するのではないでしょうか？「洗う」とは、水や洗剤で衣類などを洗って、汚れを落とすということです。しかし、「ファブリーズ」をスプレーしても、汚れを落とすことはできません。単に殺菌剤や香料を衣類に付着させるだけです。

にもかかわらず、「洗う」という言葉を使って、いかにも汚れを落とすように消費者に思わせるのは、一種の詐欺《さぎ》的表現といえるでしょう。そして、それは「実際のものより著しく優良であると示すもの」という優良誤認に該当すると考えられるのです。

しかも、汚れを落とせないことはＰ＆Ｇ自らが認めているのです。最近の「ファブリーズダブル除菌」という製品にはシールが張られていて、そこには「クリーニング級の消臭パワー」と大きく表示されているのですが、その下に小さく「汚れを落とす訳ではありません。汚れはドライクリーニングで落とすことをお薦めします」と書かれているのです。

つまり、クリーニングと同程度ににおいを取ることはできるが、汚れを落とすことはできないということです。クリーニングと同様に消臭できるとアピールしながら、結局はクリーニングに出して汚れを落としてくださいということなのです。これでは、この製品を使う意味はないといえるでしょう。

トウモロコシ生まれの消臭成分を使用

「ファブリーズ」は、一九九八年九月からテスト発売され、翌九九年三月から全国発売されました。キャッチフレーズは、「トウモロコシ生まれの消臭成分」で、製品の説明書には、「布製品にしみついたイヤなニオイを元から取り除く」とありました。スーツやコート、カーテン、カーペット、マットなどに対して、二〇〜三〇㎝離して、表面が全体的に湿り気をおびる程度にスプレーすると、臭いが取れるとのことでした。

この「トウモロコシ生まれの消臭成分」とは、「環状糖類《かんじょうとうるい》（サイクロデキストリン）」というものので、トウモロコシデンプンから作られた糖類の一種です。デキストリンとは、ブドウ糖（グルコース）がいくつも結合したもので、食品としても利用されています。それがサイクロ、すなわち環状になっているということです。

実はこの「環状」がミソなのです。この糖は、分子的にはドーナツ状の構造をして、中に空洞の部分があります。この空洞部分に臭い成分を取り込んで、消臭するというのでした。

デキストリンは、食品として利用されているものですから、その意味では安全性は高いといえます。つまり、安全性の高い消臭剤ということで、売り出したわけです。

除菌プラスが主流に

しかし、当時、P＆Gの担当者からこの消臭メカニズムを聞いて、「本当にこんなにうまくいくのかな？」という疑問を抱きました。

なぜなら、臭い成分がそんなにうまくドーナツ部分に取り込まれるとは思えなかったからです。おそらく一部は取り込まれるでしょう。しかし、消臭といえるところまで、取り込めるかというと、はなはだ疑問でした。

また、この成分がかえって臭いを発生させるのではないかという疑問も感じました。サイクロデキストリンは、ブドウ糖をいくつも結合させたものなので、それが細菌やカビのえさになってしまう可能性があるからです。

実際その効果は、あまり高くなかったようです。というのも、その後すぐに除菌剤入りの「ファブリーズ」が売り出され、今はこちらが主流となって、初期の製品はほとんど姿を消してしまったからです。

なぜ、スーツやコート、ソファー、カーペット、ぬいぐるみなどが嫌な臭いを放つようになるのか？　それには、細菌が深く関わっています。

空気中には目には見えませんが、さまざまな細菌やカビが浮遊しています。スープやみそ汁などを作って何日も置いておくと、一〇〇℃で加熱して細菌は死んでしまったはずなのに、いずれは腐っていきます。空気中の細菌やカビがスープやみそ汁に入り込み、栄養素を分解してしまうからです。

除菌剤は人間に影響しないのか？

スーツやソファなどには、汗にふくまれる乳酸やアンモニアなどの成分が付着します。すると、細菌がそれらを栄養として活動し、さまざまな物質に分解していきます。その結果、腐敗物質がいろいろできて、それが嫌な臭いを発することになるのです。料理でも、腐ると嫌な臭いがしますが、それに似ています。

最初の「ファブリーズ」は、発生する臭い成分をサイクロデキストリンが取り込んで、消臭するというものでした。しかし、前述のようにすぐに除菌剤を加えた「ファブリーズ除菌プラス」が売り出されました。

除菌剤とは、文字通り細菌を取り除く、すなわち細菌を殺す、あるいは増殖をおさえるというものです。つまり、嫌な臭いを作り出す細菌を、除菌剤によって減らしてしまおうというわけです。

しかし、それは細菌を破壊したり、その生命活動を妨害するというものです。ということは、人間や動物の細胞も壊したり、活動に悪影響をおよぼすのではないか、とは誰でも思いつくことでしょう。

もちろん細菌と人間の細胞とでは違いがありますから、細菌を殺したからといって、人間の細胞に必ずしも悪影響をもたらすとは限りません。しかし、細菌も人間の細胞も基本的な構造は同じですから、影響が出る可能性は十分考えられるのです。

表示されない除菌成分

「ファブリーズ除菌プラス」には、どんな除菌剤が使われているのでしょうか？　しかし、おかしなことにそのボトルには、「除菌成分（有機系）」と書かれているだけで、具体的な物質名がありません。

洗濯用洗剤や台所洗剤には、成分がすべて具体的に書かれています。なのに、なぜ、「ファブリーズ」には書かれていないのでしょうか？　それは、実は法律によって表示が義務付けられていないからなのです。

台所用洗剤は、家庭用品品質表示法の対象となっています。この法律は、洗剤や衣料品など家庭用品の成分などの表示を義務付けたものです。洗濯用洗剤や台所用洗剤は、この法律の対象になっています。したがって、成分である合成界面活性剤などが一つ一つ表示されているのです。

ところが、「ファブリーズ」などの除菌・消臭スプレーは対象になっていないのです。「ファブリーズ」などの除菌・消臭スプレーは、洗剤と同じように各家庭に普及しています。したがって、本来はこの法律の対象にすべきなのです。にもかかわらず、そうなっていないのは、管轄する経済産業省が怠《なま》けているからとしか思えません。

除菌成分は、第四級アンモニウム塩

それにしても、成分が何なのか分からないのは困りものです。これでは、その危険性や効果などを検証できないからです。

私は、「ファブリーズ」の発売後、『週刊金曜日』一九九九年一二月一〇日号の「買ってはいけない」で、この商品を取り上げましたが、その際、配合された除菌成分について、P＆Gに問い合わせました。すると、当時の広報担当者は、次のように答えました。

「『除菌プラス』の除菌成分は、第四級アンモニウム塩系の成分です。当社では、この成分のグループをＱｕａｔ（クウォット）と呼んでいます。一般に同タイプの除菌成分の安全性は広く認められており、化粧品や薬用石けんにも使われています。当社では、米国の環境保護局（ＥＰＡ）の基準に照らしあわせて、菌を接種した試験布に『ファブリーズ除菌プラス』を表示の使用法に沿った使い方で噴霧し、試験布上に存在する菌数の変化から、除菌効果を確認しています」。

なお、現在市販されている「ファブリーズダブル除菌」「ファブリーズハウスダストクリア」「ファブリーズそよぐ草原の香り」「クルマ用ファブリーズ」などの除菌成分も、Ｑｕａｔであり、同じものです。

第四級アンモニウム塩とは、いわゆる逆性石けんの成分です。ふつうの石けん、すなわち脂肪酸ナトリウムは、水に溶けるとイオン化して、マイナスの電気をおびます。ところが、逆性石けんの場合、水に溶けてイオン化した際に、プラスの電気をおびるのです。つまり、石けんとは「逆」であり、それで逆性石けんというのです。逆性石けんは、洗浄力よりも、むしろ殺菌力がすぐれています。そのメカニズムはこうです。

一般に細菌は、その表面がマイナスの電気を帯びています。逆性石けんはプラスになっていますから、細菌の表面に速やかに結合することができます。

そして、細胞の表面、すなわち細胞膜を破壊したり、あるいは細胞膜の酵素の働きを失わせたり、あるいはタンパク質を変性させるなどして、結果的に細菌を殺すのです。「ファブリーズ除菌プラス」に使われている　第四級アンモニウム塩は、逆性石けんの代表格です。

第四級アンモニウム塩には、いくつか種類があります。その中で、もっとも代表的なのが塩化ベンザルコニウムです。これは、病院で消毒薬として使われているほか、洗浄液、化粧品、脱臭剤、掃除機の紙パック、清浄綿などいろいろな製品に使われています。

「ファブリーズ」の毒性を調べた実験

ところで、「ファブリーズ」は、人体に悪影響をおよぼすことはないのでしょうか？　実はそれを動物実験で調べた研究機関があります。東京都健康安全研究センターです。同センターでは、マウスを使って「ファブリーズ」の毒性について調べたのです。そして、マウスの新生仔《しんせいじ》に「ファブリーズ」を飲ませたところ、死亡率が高くなるという結果が得られました。この実験結果は、同センター発行の二〇〇六年版『研究年報』に掲載されています。

実験に使われたのは、市販の「ハウスダスト浮遊防止剤（布製品用）」で、「ファブリーズ」とは書かれていませんが、成分が「トウモロコシ由来消臭成分、除菌成分（有機系）、水溶性凝集成分」であることから「ファブリーズ」であることは間違いありません。

実験では、マウスの新生仔に対して、「ファブリーズ」の原液を純水で希釈した溶液が、体重一kg当たり五mℓ投与されました。その溶液は三種類あって、ファブリーズの原液をそれぞれ〇mℓ（対照群）、二mℓ、四mℓ含むように調整されています。それらが新生仔に対して、生後〇日から二一日間、毎日経口投与されました。ちなみに、「ファブリーズ」に関するP＆Gの商品説明では、「赤ちゃんの衣類やぬいぐるみに対しても、他の布製品と同じように問題なくご使用いただけるものと考えております」（同社のホームページより）となっており、これは、生後間もない赤ちゃんにも害がないことを意味しています。そこで本当にそうなのか、マウスの新生仔を使ってその影響を調べる実験を行なったと考えられます。

その結果、二mℓ投与群で、四〇匹中九匹が死亡し、四mℓ投与群で三九匹中一七匹が死亡しました。一方、対照群で死亡したのは、四〇匹中二匹でした。つまり、「ファブリーズ」が投与されたマウスの新生仔は、死亡率が高くなることが分かったのです。

さらに同センターでは、「ファブリーズ」について追加の実験を行ないました。マウスの新生仔の数を増やして、それらに対して同様に「ファブリーズ」を含む溶液を、生後〇日から二一日間、毎日経口投与したのです。ただし、今回の溶液は、マウス新生仔の体重一kg当たり、「ファブリーズ」の原液を〇mℓ（対照群）、〇・五mℓ、一mℓ、二mℓ含むようにしました。

その結果、二mℓ投与群のオスの体重が、出生後二日から一〇日および一二から二一日の間に対照群に比べて明らかに低く、さらに二mℓ投与群のメスの体重が、出生後四日、六日から九日および一六日から二一日に対照群に比べて明らかに低くなりました。また、「ファブリーズ」を新生仔期に投与されたマウスの離乳（出生後二一日、三周齢）後、四周齢のオスの二mℓ投与群の体重は、対照群に比べて明らかに低くなっていました。

新生児に悪影響が出る心配も

このほか、繁殖に関する実験も行なわれました。「ファブリーズ」を新生仔期に投与されたマウスを、成長後に交配し、出産させたのです。その結果、二㎖投与群のマウスから生まれたメスの子供は、出生後二一日までの死亡率が明らかに高くなっていました。さらに、出生後二一日の臓器の重量を測定したところ、二㎖投与群のオスの精巣の相対重量が対照群に比べて、明らかに低くなっていました。メスの場合、二㎖投与群で胸腺の重量が対照群に比べて明らかに低くなっていました。なお、これらの実験結果は、同センター発行の二〇〇七年版『研究年報』に掲載されています。

同センターでは、以上の実験結果から、「ファブリーズ」の影響について、次のように結論付けています。「新生仔期投与の最大無作用量は、マウスにおいては、一・〇㎖／kg／日と考えられる。安全係数一〇〇、あるいは一〇〇〇（評価対象の化合物について発癌性試験が実施されていない場合）とした場合、人間での無作用量は、体重三kgの新生児ならば三・〇μℓ（安全係数一〇〇〇）、あるいは三〇μℓ（安全係数一〇〇）と算出される」。

つまり、この程度の摂取量であれば、人間の新生児でも影響はないと考えられるということです。しかし、「二㎖／kg体重（体重三kgのヒト新生児で、六・〇μℓあるいは六〇μℓ）以上の経口摂取について、何らかの影響の可能性が示唆された」とのことです。

実験に使われた「ファブリーズ」は、内容量が三七〇㎖で、「使用回数：約三八〇回スプレーできます」とあることから、一回分のスプレー量は〇・九㎖となり、これは九〇〇μℓと同じです。噴霧された量のどの程度を吸い込むことになるのかについては、使用状況によって変わってくると考えられますが、生まれたばかりの人間の新生児の場合、その量の一五分一、あるいは一五〇分の一を摂取すると、何らかの影響がでる可能性があるということです。

生殖能力が低下するという実験結果も

東京都健康安全研究センターの実験では、「ファブリーズ」を新生仔期に投与されたマウスを成長後に交配して出産させ、出生後二一日の臓器の重量を測定したところ、二㎖投与群の精巣の相対重量が対照群に比べて、明らかに低くなっていましたが、これは生殖能力を低下させることを示唆しています。実は「ファブリーズ」の成分である第四級アンモニウム塩が、動物の生殖能力を低下させる可能性を示す実験データが、ほかにもあるのです。

『週刊金曜日』二〇一六年一月二二日号に科学ジャーナリストの植田武智氏が執筆した記事によると、ワシントン州立大学のパトリシア・ハント博士の研究室で、実験室のマウスの飼育かごなどの洗浄剤を第四級アンモニウム塩に変えてからというもの、マウスの出産率が通常の六〇%から一〇%に低下したといいます。そこで、メスのマウスのえさに同じ除菌成分を混ぜて食べさせたところ、同様の生殖異常が観察されたといいます。また、オスのマウスの実験では、飼育かごの清掃に除菌成分を使うことで、精子の濃度と運動率（全体の精子の中で運動している精子の割合）が低下するという結果が出たといいます。

つまり、人間の場合も、第四級アンモニウム塩を毎日吸い込んでいると、出産率が低下する心配があるということなのです。

目が痛くなることも

「ファブリーズ」を使っている人の中には、「目が痛くなった」という人もいるのではないでしょうか？　知り合いで、「ファブリーズ」を使っている人がいて、「目が痛くなるのはしょうがない」と言っていました。

私も、試しに「ファブリーズ」を何度か使ったことがあります。「対象物から二〇〜三〇㎝離して、表面が全体的に湿り気をおびる程度にスプレーしてください」とボトルに書かれているので、その通りにスプレーしました。すると、中の液体が霧状に広がって、強烈な香料が鼻をついてきます。そして、広がった成分が、どうしても多少目に入ってしまうのです。すると、ジワーッと軽い痛みを覚えます。そして、まぶたが重くなったような感じになるのです。何らかの化学物質が、目の粘膜を刺激しているのです。

第四級アンモニウム塩の代表格である塩化ベンザルコニウムは、細菌を殺すくらいですから毒性が強く、誤飲すると、嘔吐、下痢、筋肉の麻痺、中枢神経の抑制などを起こします。〇・一％以上の水溶液は、眼を腐食し、一％以上は粘膜を、五％以上は皮膚を腐食します。そのため、発疹やかゆみなどの過敏症状が現われることがあります。

塩化ベンザルコニウムをふくむ床用洗浄液の使用後に、室内の残存した成分を吸い込んだことによって、アレルギー性ぜんそくが発症した事例が報告されています。したがって、誤って目に入った場合、痛みを感じると考えられます。

目薬にも除菌成分が

実はこれと同じことが目薬によっても引き起こされているのです。目薬を使うと、成分が染みて痛くなると感じている人は多いと思います。私も、以前はそうでした。それでも「有効成分が染みるのだから、しかたがない」と思っていました。しかし、そうではなかったのです。目薬にはたいてい防腐剤として塩化ベンザルコニウムが配合されています。それが、粘膜を刺激していると考えられます。

私はそのことを知ってから、防腐剤の使われている目薬の使用を止めました。今は、一回使い切りタイプの「アイリスCL-Iネオ」（大正製薬）を使っています。この目薬は、一回分が小さなプラスチック容器に入っていて、一回で使い切るようになっているため、防腐剤を使っていません。

成分は、「タウリン、塩化ナトリウム、塩化カリウム」で、添加物は炭酸水素Na、pH調整剤です。私の場合、目が疲れたり、多少痛みを感じるとき、まぶたが重く感じられる時などに使っています。まったく染みることはなく、もちろん痛みも感じません。

おそらく、「ファブリーズ」を使って目が痛くなるのは、防腐剤入りの目薬を使った場合と同じことと考えられます。

それでも、前述のように『『ファブリーズ』を使って、目が痛くなるのはしょうがない」という人もいます。しかし、私はそうは思いません。目が痛くなってまでして使う必要はまったくないと思うのです。

「ファブリーズ」とシックハウス症候群との関係は？

目が痛くなったり、まぶたが重くなったりというのは、はっきりとした症状といえます。これらは、「ファブリーズ」を使ってすぐに現われるので、因果関係が容易にわかります。しかし、すぐには、はっきりした症状が現われない場合、因果関係はなかなかわからないことになります。

現在、化学物質が原因で起こる病気の中で問題になっているものに、シックハウス症候群があります。この病気と「ファブリーズ」との関係はないのでしょうか？

シックハウス症候群は、住宅の建材や壁紙、塗料などから出る化学物質、あるいは家庭内で使われる防虫剤や消臭剤などを吸い込むことによって現われる症状です。

「目がツーンとする」「のどが痛い」「ゼイゼイする」「頭がいたい」などが主な症状ですが、ほかに、胸痛、めまい、動悸、不整脈、倦怠感、さらにうつ状態におちいることもあります。

シックハウス症候群を引き起こすのは、揮発性有機化合物（VOC）といわれるものです。「揮発性」とは、成分が揮発しやすい、すなわち空気中に拡散しやすいということです。「有機化合物」は、炭素を含んだ化合物のことです。地球上のほとんどの物質は、有機化合物です。

揮発性有機化合物は、揮発して空気中に拡散しやすい有機化合物のことです。「ファブリーズ」にふくまれる第四級アンモニウム塩も、有機化合物です。そして、スプレーした際にそれらは空気中に拡散することになります。つまり、揮発性有機化合物と似たような状態になるわけです。

シックハウス症候群を起こす化学物質

シックハウス症候群を起こす揮発性有機化合物としては、ホルムアルデヒド、トルエン、キシレン、パラジクロロベンゼン（防虫剤「パラゾール」の成分。詳しくは、7章を参照のこと）などがあげられています。それらは揮発して、家庭内の空気に混じります。

その空気を人間が吸い込めば、当然ながら、それらの化学物質が鼻や口から入ってきます。そして、目にも入ってきます。そして、粘膜を刺激します。さらに、肺から吸収されて、血液に混じって脳にも達すると考えられます。その結果、「のどが痛い」「目がツーンとする」「頭痛がする」などの症状が現われると考えられます。

揮発性有機化合物は、住宅を建設する際に使われた合板、接着剤、塗料、断熱材、畳などから、空気中に拡散されています。さらに、防虫剤、防臭剤、殺虫剤の成分も、拡散されて、シックハウス症候群の原因になっています。

近年、合板や壁紙、塗料など化学合成されたものが住宅に多く使われるようになり、また住宅の気密化が進んで、揮発性有機化合物が室内のこもるようになり、シックハウス症候群になる人が増えていると考えられています。

シックビル症候群の発見

シックハウス症候群は、欧米ではシックビル症候群（Sick building syndrome:SBS）といわれています。この言葉が使われるようになったのは、一九七〇年代末のことです。デンマークの研究者が、室内空気と健康状態に関する調査を発表し、そのなかでシックビル症候群という言葉が使われました。

この調査では、自然換気と完全空調のビルで働く人たちの健康状態をチェックし、頭痛、無気力、鼻づまりやのどの乾燥感、鼻炎が、完全空調で働く人たちの場合、自然換気に比べて約二倍から六倍も多いことがわかったのです。

この差は、ビルの中の空気汚染が原因と考えられました。完全空調ビルでは、フィルターを通すことによって空気の浄化と循環が行なわれており、外から空気が入ってくることが少なく、同じ空気がぐるぐる回る状態になっていました。

そのため、空気が一度、化学物質に汚染されると、それがフィルターで除去されない限り、そこで働く人々はその化学物質を吸い込み続けることになります。その結果として、シックビル症候群になったと考えられました。

とくに目、鼻、のどに刺激

エイズや新型インフルエンザの対策などを世界各国に指導しているＷＨＯ（世界保健機関）では、シックビル症候群を次のように定義しています。

①目、とくに眼球結膜、鼻粘膜およびのどの粘膜に刺激症状が現われる。
②唇などの粘膜が乾燥する。
③皮膚に紅斑《こうはん》、ジンマ疹、湿疹などができる。
④疲れやすい。
⑤頭痛や気道の感染症を起こしやすい。
⑥息がつまるような感じがして、喘鳴《ぜんめい》（ぜいぜいすること）がする。
⑦原因がはっきりしない過敏症。
⑧めまい、吐き気、嘔吐などを起こす。

これらの症状のうち、もっともよく現われるのは、目や鼻、のどに対する刺激症状であることがわかっています。有害な化学物質が、それらの粘膜に作用して、その反応として現われる症状といえます。

「ファブリーズ除菌プラス」をスプレーすると、第四級アンモニウム塩が空気中に広がり、目に入って刺激症状を起こします。さらに、鼻やのどの粘膜にも刺激をもたらしている可能性があります。

その意味では、これも一種のシックビル症候群、すなわちシックハウス症候群といえるのかもしれません。

規制される揮発性有機化合物

シックハウス症候群は、まさしく現代社会が生み出した病気です。というのも、現代の化学産業が作り出した化学物質によって起こされる症状だからです。もし、これほどまでに様々な化学物質が開発され、日常の中で使われることがなかったら、シックハウス症候群というものも発生しなかったでしょう。

シックハウス症候群におちいって、辛い思いをする人がふえてきたため、厚生労働省では、一九九七年から二〇〇三年までに、ホルムアルデヒドやトルエン、パラジクロロベンゼンなど一三物質について指針値を設定しました。これによって、住宅内で発生する化学物質が初めて規制されることになったのです。

これらの一三物質は、合板や接着剤、防虫剤、塗料などに使われていて、いずれも刺激性のあるもので、独特の臭いを感じさせるものがほとんどです。そのため、目や鼻、のどの粘膜が刺激されて、症状が現われるということなのでしょう。

しかし、シックハウス症候群に関しては、まだ研究の歴史が浅く、わかっていないことも多い

表1　室内濃度指針値

化合物名	室内濃度指針値*一	
ホルムアルデヒド	100μg/㎥	0.08ppm
トルエン	260μg/㎥	0,07ppm
キシレン	870μg/㎥	0.20ppm
パラジクロロベンゼン	240μg/㎥	0.04ppm
エチルベンゼン	3800μg/㎥	0.88ppm
スチレン	220μg/㎥	0.05ppm
クロルビリホス	1μg/㎥（但し、小児の場合は、0.1μg/㎥）	0.07ppb（但し、小児の場合は、0.007ppb）
フタル酸ジ-n-ブチル	220μg/㎥	0.02ppm
テトラデカン	330μg/㎥	0.04ppm
フタル酸ジ-2-エチルヘキシル	120μg/㎥	7.6ppb
ダイアジノン	0.29μg/㎥	0.02ppb
アセトアルデヒド	48μg/㎥	0.03ppm
フェノブカルブ	33μg/㎥	3.8ppb

＊1　両単位の換算は25℃の場合による

のです。原因物質にしても、規制対象となった一三物質のほかにもいろいろあると考えられます。

室内に拡散する除菌成分

シックハウス症候群の原因物質と考えられているのは、一般に揮発しやすいものです。つまり、空気中に漂って、人間の口や鼻などから吸い込まれやすいものということです。

陽イオン系界面活性剤の一種である第四級アンモニウム塩は、揮発性ではありません。したがって、規制の対象にはならないわけです。

しかし、重要なのは揮発性かどうかということではありません。住宅内の空気中に拡散するかどうかということです。もし、揮発性でなくても、何らかの条件で拡散し、しかもそれが刺激性のある化学物質であれば、シックハウス症候群の原因になるのです。

たとえば、家庭内で殺虫剤としても使われるクロルピリホスとダイアジノンという農薬は、前の指針値が設定された一三物質に含まれています。ハエや蚊、ゴキブリなどの駆除のために撒布された場合、シックハウス症候群を起こすことがあるからです。

では、「ファブリーズ除菌」や「ファブリーズダブル除菌」の場合、どうでしょうか？　カーテンやソファ、カーペットなど対象物に向かってスプレーした場合でも、二〇～三〇㎝離して行なうので、どうしても霧状になった成分は空気中に拡散していきます。

スプレーした人間には、拡散した成分を吸い込んだり、目に入ったりということがどうしても起こってきます。第四級アンモニウム塩は、有機化合物です。したがって、揮発性ではなくても、ＶＯＣと同様な状況になると考えられます。

こう考えた場合、「ファブリーズ」をスプレーしたことで起こる目の痛みは、シックハウス症候群の一種ととらえることができます。目の痛みは一つの症状であって、わからないうちにほかの症状に陥っていることも考えられます。

「ファブリーズ」のボトルには、ふとんやまくら、赤ちゃん用品、ぬいぐるみにも使えると表示されています。ふとんやまくらにスプレーした場合、除菌成分がそれらに付着することになりますが、それにくるまれて眠れば、長時間、除菌成分を吸い続けることになります。

その結果、吸い込んだ成分が鼻やのどなどの鼓膜を刺激することはないのか心配されます。また、肺から吸収されて血液に入り、全身に回った場合、どういう影響を及ぼすのか、ひじょうに心配になります。とくに抵抗力の低い赤ちゃんの場合、悪影響がないのかとても気がかりです。

香料という謎の物質

「ファブリーズ」でもう一つ気になるのは香料の影響です。「ファブリーズ」には、香料を配合したタイプと配合していないタイプがあります。主流は、配合したタイプのようです。というのも、香料によるマスキング効果が期待されるからです。

これは、強い香りによってある種の臭いを感じにくくするというものです。ほとんどの消臭剤は、マスキング効果をもたせるために香料を配合しています。実際には、消臭というより、マスキング効果によって、臭いをごまかしているという印象を受けます。

香料は、香料メーカーが製造しています。ふつう何十種類もの合成香料や天然香料を組み合わせて、独特の香りを作り出します。ある消臭剤に使われていたラベンダーの香りは、ユーカリオイルと四〇〜五〇種類の合成香料から作られていました。

合成香料の組み合わせは、香料メーカーの企業秘密になっていて、香料を使う企業でさえ、よくわかっていないケースが珍しくありません。

香料は、化粧品や医薬部外品に使われる場合は、指定成分として表示が義務付けられていました。これは、アレルギーや皮膚障害、がんなどを起こす可能性があるため、厚生労働省が表示を義務付けていた化学物質で、一〇〇品目以上あります。

香料で気分が悪くなる人も

二〇〇一年四月からは、化粧品の成分はすべて表示が義務付けられるようになったので、全成分が表示されるようになりましたが、それ以前は指定成分のみが表示されるケースが多かったのです。

また、医薬部外品については、二〇〇六年四月から業界団体の自主基準に基づいて、全成分が表示されるようになりましたが、それ以前はやはり指定成分のみが表示されることが多かったのです。

香料は指定成分になっているくらいですから、刺激性があります。シックハウス症候群になっている人など化学物質に敏感な人は、香料の人工的な臭いが我慢ならないようです。以前、都内で家庭用品について講演を行なった際に、消臭剤をテーブルの上においていたのですが、臭いが多少もれて漂っていたらしく、参加していた女性から、「気分が悪くなるので、しまって欲しい」としかられたことがありました。

化学物質に敏感な人の場合、香料のにおいに耐えられないということが実際にあるのです。そういう事実があることもメーカーや利用者には知って欲しいと思います。

2章

「リセッシュ」「ルック　きれいのミスト」も使ってはいけない

花王が「リセッシュ」を発売

除菌・消臭スプレーは、長らく「ファブリーズ」の独壇場という感じでした。ほかのメーカーから、似たような製品が売り出されなかったからです。しかし、ついに花王が反撃ののろしを上げました。二〇〇五年八月に、「リセッシュ」を売り出したのです。

花王では、そのテレビCMに歌手の矢野顕子を採用。お母さんや可愛い女の子のアニメーション画像と共に、矢野顕子の「リセッシュ……」という甘ったるい歌声が、何度も何度も流されました（一企業のCMソングを歌うという姿勢にがっかりしたファンも多いのでは？）。おそらくその歌が頭に染み付いた人も少なくないのでは？

「リセッシュ」の最大のウリは、緑茶エキスを含むという点です。ボトルには「緑茶のチカラでスッキリ消臭」と書かれ、裏面には「天然茶葉から取り出した消臭成分がそのまま配合されていること」と、天然系であることを強調しています。

用途は、上着、帽子、靴、カーテン・カーペット・ソファー、ふとん・まくら、赤ちゃん用品・ぬいぐるみ、ペット用品とひじょうに幅広くなっています。使い方は、対象物から二〇〜三〇㎝離してまんべんなくスプレーします。約二〇センチ四方に一回が目安だといいます。「ファブリーズ」とほとんど同じです。

昔から茶ガラは、掃除の時に使われていました。畳の上に茶ガラを撒いて、そのあとほうきで掃くということが行なわれていました。汚れや臭いがきれいにとれて、おそらく消毒の働きもあると考えられたのだと思います。

こうした茶葉の効能とすぐれたイメージを、除菌・消臭スプレーにも活かしたということでしょう。目の付け所は、悪くはないと思います。

緑茶エキスはダミー

ところが、緑茶エキスはいわばダミーで、本当に作用する成分は違うものなのです。成分表示を見ると、まず「両性界面活性剤」とあります。界面活性剤という言葉はよく耳にすると思います。洗濯用洗剤や台所用洗剤に使われていますし、シャンプーや歯磨き剤などにも使われています。

界面活性剤は、水の表面張力を失わせる作用があります。表面張力とは、水が丸くなろうとする力ですが、この性質ゆえに繊維に水がしみこみにくく、水だけでは汚れをなかなか落とすことができません。ところが、界面活性剤を水に加えると、表面張力が失われて水が繊維に浸透しやすくなるので、汚れが落ちやすくなるのです。

界面活性剤を分子的に見ると、図1のようにマッチ棒のような形をしています。細く長い部分は「親油基」といって、油の成分と結合しやすいところです。丸い頭の部分は「親水基」といって、水と結合しやすいところです。界面活性剤はいろいろな種類がありますが、基本的にはどれもこうした構造をもっています。

衣服でも食器でも、いちばん落ちにくいのは油汚れです。水で洗ってもそれはなかなか取れません。ところが、界面活性剤を加えると、親油基が繊維などに付着した油成分と結合し、一方、親水基は水と結びつこうとするので、攪拌すると、結果的に、界面活性剤が油成分を繊維から引き離すような状態になります。こうして油汚れを落とすのです。

図1　界面活性剤の基本構造

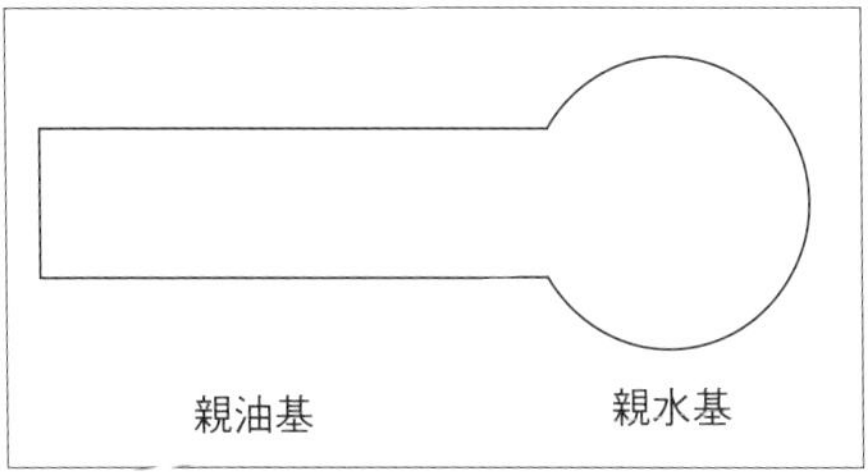

成分の両性界面活性剤とは？

洗濯用洗剤や台所用洗剤にふくまれる界面活性剤は、陰イオン界面活性剤が多くなっています。これは、水に溶けた時に、親水基の部分がマイナス（陰）の電気を帯びるものです。

一方、1章で説明した塩化ベンザルコニウムは陽イオン界面活性剤で、親水基の部分がプラス（陽）の電気を帯びます。

「リセッシュ」にふくまれる両性界面活性剤は、親水基の部分が、マイナスとプラスの両方の電気を帯びるもので、それで「両性」というのです。両性界面活性剤は、洗浄力と殺菌力の両方を兼ね備えています。また、界面活性剤のなかでは、毒性が弱く、刺激が少ないとされています。

実は花王では、住宅用洗剤の「かんたんマイペット」や「バスマジックリン」などに両性界面活性剤を配合しています。それを「リセッシュ」にも配合したというわけです。おそらくその殺菌力に目をつけたと考えられます。

「リセッシュ」の除菌剤

このほか、「リセッシュ」には除菌剤とエタノールが配合されています。除菌剤が具体的に何なのかは表示されていません。

花王によると、「他社製品にも使われているものと同じ」とのことで、「ファブリーズ」と同様に第四級アンモニウム塩のようです。エタノールは、消毒用アルコールとして使われていて、殺菌作用があります。

つまり、両性界面活性剤、除菌剤、エタノールの力によって細菌やカビなどを減らして、臭いが発生するのを防ごうというわけです。

もう一つ、「リセッシュ」には香料がふくまれています。試しに「リセッシュ」を部屋の中でスプレーしたことがありますが、ひじょうに強い香料の臭いがして、嗅覚が麻痺させられるようでした。

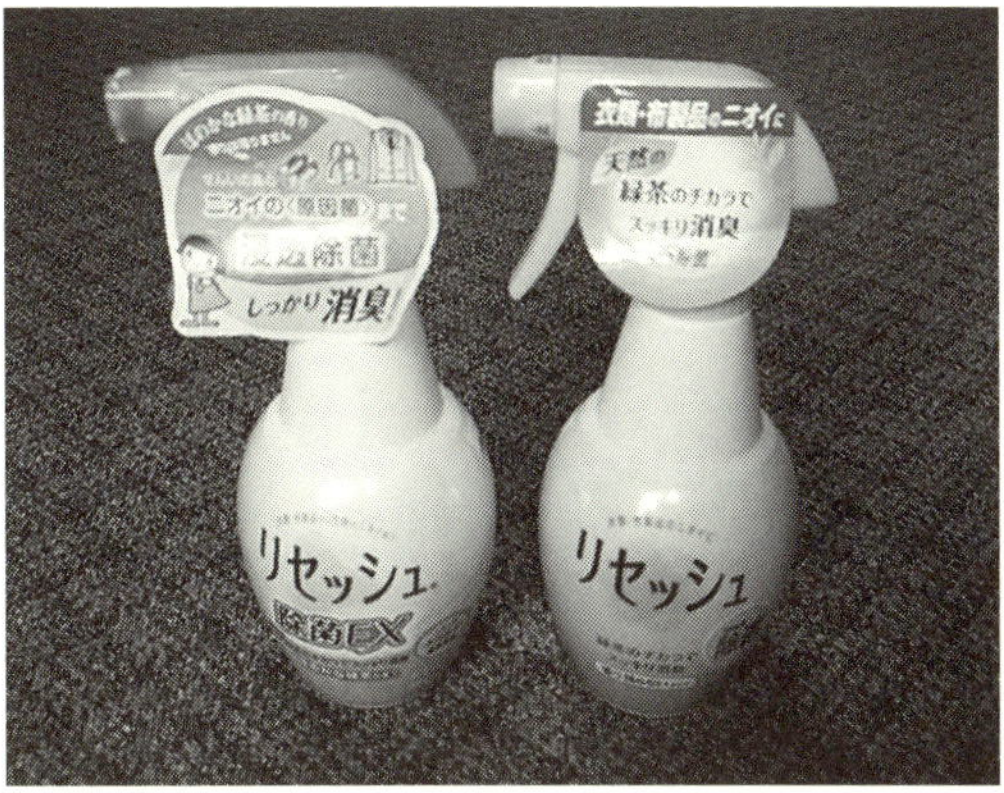

これは、マスキング効果をねらったものです。つまり、ある臭いを強く感じると、ほかの臭いがあまり感じられなくなるというものです。それにしても、香料の臭いが強すぎて、それをかえって不快に感じる人もいるのではないかと思われました。

「リセッシュ」の人体への悪影響

1章で、東京都健康安全研究センターが「ファブリーズ」について行なった動物実験の結果を紹介しましたが、同センターでは、「リセッシュ」についても同様な実験を行なっており、その結果は二〇〇七年版『研究年報』に掲載されています。製品名は載っていませんが、品名は「衣類・布製品用消臭剤」であり、成分は「両性界面活性剤、緑茶エキス、除菌剤、香料」であり、「リセッシュ」であることは間違いありません。

実験では、マウスの新生仔に対して、、「リセッシュ」の原液を純水で希釈した溶液が、体重一kg当たり五mℓ投与されました。その溶液は四種類あって、「リセッシュ」の原液をそれぞれ〇mℓ（対照群）、一mℓ、二mℓ、四mℓ含むように調整されています。それらが新生仔に対して、生後〇日から二一日間、毎日経口投与されました。その結果、二mℓと四mℓ投与群のメスで、胸腺と副腎、および卵巣の重量、さらに体重が対照群に比べて明らかに低くなっていました。また、同投与群のオスでは、肝臓の重量と体重も明らかに低くなっていました。「リセッシュ」に含まれる両性界面活性剤や除菌剤が原因していると考えられます。

同センターでは、「リセッシュ」の毒性について、次のように結論づけています。「最大無作用量は、一・〇mℓ／kg体重であった。人間と動物との種差、および人と人との個人差を考慮して安全係数を一〇〇とした場合、あるいは安全係数を一〇〇〇とした場合（評価対象の化合物について発癌性試験が実施されていない場合）、人間での無作用量は、一〇μℓ／kg体重、または、一μℓ／kg体重と類推される。これは体重三kgの新生児ならば、三・〇μℓ（安全係数一〇〇〇）あるいは三〇μℓ（安全係数一〇〇）にあたり、経口摂取量がこの程度であれば、今回調査した指標（体重・臓器重量・血液検査）については影響がないと考えられる。しかし、二mℓ／kg体重（体重三kgのヒト新生児で六・〇μℓあるいは六〇μℓ）以上の経口摂取は、何らかの影響が示唆された」。

実験に使われた「リセッシュ」は、内容量が三七〇mlで、「使用回数:約三八〇回スプレーできます」とあるので、一回のスプレー量は、〇・九mlとなります。これは、九〇〇μlと同じであり、それの一五分の一、あるいは一五〇分の一以上を新生児が摂取すると、悪影響が現われる可能性があるということになります。

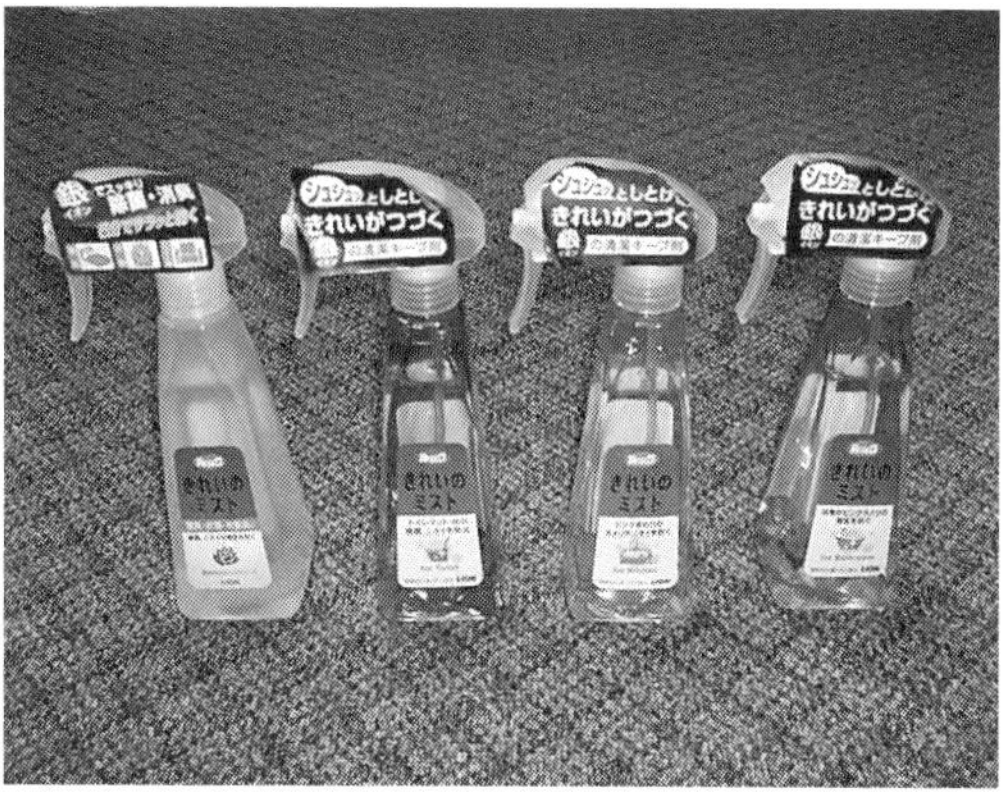

なお、最近では、「リセッシュ除菌EX」という製品が主流になっています。ただし、成分は、「両性界面活性剤、緑茶エキス、除菌剤、香料、エタノール」であり、従来の製品と変わりがありません。製品に貼られたシールには、「八五%の人が実感　一日たっても汗のニオイ戻りなし!」と大きく表示され、さらにボトルには「浸透除菌&消臭/菌・ニオイを元から撃退　二四時間抗菌」ともあります。またボトルの裏側には、「天然緑茶消臭成分入り　小さなお子さまやペットのいるご家庭でも」と、その安全性を強調しています。

しかし、東京都健康安全研究センターの実験結果を見る限り、人体に悪影響が出る可能性は否定できません。とくに生まれたばかりの赤ちゃんについては、影響が大きいと考えられます。

ライオンが「ルック きれいのミスト」を発売

「リセッシュ」に続いて、三大洗剤メーカーの一つであるライオンが、「ルック　きれいのミスト」を売り出しました。

「シュシュッとしとけば、きれいのまんま」という歌が流れるテレビCMを見たことがある人は多いと思います。なかなか印象に残るメロディーとキャッチコピーで、このCMにつられてつい買ってしまった人も少なくないと思います。

「ルック　きれいのミスト」にしても、「ファブリーズ」や「リセッシュ」にしても、実に巧みなテレビCMで、そのキャッチコピーやメロディは、視聴者の脳に刷り込まれます。こうした商品は、テレビCMで「便利で、必要なものであるか」を消費者に印象づけなければなりません。本来は必要でないもののため、そう思いこまさなければ買ってもらえないからです。

さらに「ルック　きれいのミスト」は、ボトルにもかなり工夫を凝らしました。側面を三角形にして、とてもおしゃれな感じにしています。これは、中身を少なくできるという利点もありそうです。また、ボトルを透明のブルーやグリーン、イエローなどにして、さわやかで美しい感じにしています。女性の心をくすぐる作戦のようです。後発なので、それまでにない除菌・消臭スプレーを目指したようです。

除菌剤に銀を使用

「ルック　きれいのミスト」の特徴は、銀を除菌剤として使っていることです。「ファブリーズ」はトウモロコシの由来成分、「リセッシュ」は緑茶エキス。ライオンとしては、これらに勝る素材を使わなければならなかったのでしょう。その点、銀はうってつけだったようです。

「ファブリーズ」も「リセッシュ」も、除菌剤を配合しています。しかし、それには安全性の面で問題があります。そこで、昔から銀食器として親しまれている銀ならば、安全性に対する消費者の不安を解消できると考えたのでしょう。

さらに、「ルック　きれいのミスト」の場合、売り上げを伸ばすために、実に巧みな商品戦略がとられました。ボトルを三角にしたり、透明にしたりということ以外に、用途別に何種類もだしたことです。

売り出し当初は、キッチン用、浴室用、トイレ用、布製品用と四種類を発売し、一つの家庭でそれらを全部買ってもらう戦略にでたのです。販売店によって、価格が多少ちがいますが、だいだい三〇〇円前後なので、四本揃えると一二〇〇円くらいの売り上げになります。

「ルック きれいのミスト」は必要なし

しかし、そもそも四種類の「ルック　きれいのミスト」は必要なのか、はなはだ疑問です。

まずキッチン用ですが、「シンクまわりのヌメリやニオイを防ぐ」ためのものだといいます。

ところが、シンクは時々スポンジなどで擦り洗いすれば、ヌメリやニオイを防ぐことは十分可能です。しつこい汚れがこびりついて、スポンジではなかなか落ちない場合は、金属たわしで擦れば、たいてい落ちます。したがって、わざわざ「ルック　きれいのミスト」を買ってきて使う必要はないのです。

また、浴室用の場合、「浴室の『ピンクヌメリ』の発生を防ぐ」といいます。しかし、ピンクヌメリというものはそうそう発生するものではありませんし（少なくとも我が家では発生したことはありません）、もし発生した場合でもブラシなどを使えば落とすことはできるでしょう。

さらに、トイレ用は、「トイレマット・床の雑菌、ニオイを除去」とありますが、トイレマットは洗濯すれば雑菌やニオイを落とすことができますし、床は時々雑巾でふけばこと足ります。

布製品用も、「雑菌・ニオイの発生を防ぐ」とありますが、洗濯したり日に干せば、雑菌やニオイの発生を防ぐことができます。

つまり、「ルック　きれいのミスト」を買わなくても、従来どおり掃除や洗濯をすれば、すべてこと足りるのです。にもかかわらず、「ルック　きれいのミスト」がいかにも便利で必要な商品のごとく、テレビCMを使って視聴者をマインドコントロールして買わせているということです。

銀の毒性

さらに、安全性の点でも、「どうかな?」といわざるをえません。というのも、殺菌剤として使われている銀は、必ずしも安全とはいえないからです。

「ルック　きれいのミスト」には、今はやりのナノテクを使った銀ナノコロイドが配合されています。ナノテクとは、ナノすなわち一〇億分の一という微小な世界で発揮される技術のことで、ナノメートルのスケールで物質の大きさ、構造、配列などを制御して、新しい機能を生み出す技術です。

銀ナノコロイドは、直径が一五ナノメートルのアルミナシリカという鉱物の周りに銀イオンを保持させたものです。銀イオンは、きわめて強い殺菌力があり、ほとんどの病原菌に対して殺菌効果があり、一部のウイルスにも効果があります。ちなみに、大腸菌に対しては、〇・〇五ppm（五〇ppb）で強い殺菌効果があります。

「ルック　きれいのミスト」をスプレーすると、銀ナノコロイドが細菌に作用して、その増殖を抑えて、汚れの発生を防ぐというわけです。

前にも書いたように銀は食器として使われて、安全性が高いように思われます。しかし、銀が水などに溶けて銀イオンになった場合、生物への影響はかなり大きいのです。

銀イオンは、水生植物や無脊椎動物、硬骨類に対して、一～五マイクログラム／リットル（マイクロは一〇〇万分の一を表わす単位）という水中濃度で致死性を示し、〇・一七マイクログラム／リットルという低濃度で、マスの孵化に有害な影響を示すといいます（世界保健機関・国際化学物質安全性計画の国際簡潔評価文書No.四四）。

細菌に対して強い害作用をもつ銀イオンは、水の中で生息する生物にも同様に強い害作用を持つようです。

銀の人間に対する影響は？

また、人間の場合、一日に六〇ミリグラム以上の銀を摂取すると有毒であり、一日一三〇〇ミリグラム以上が致死量だといいます（地球資源論研究室のホームページより）。銀の食器が安全なのは、銀が溶け出さないというのが前提のようです。

「ルック　きれいのミスト」をスプレーした場合、銀ナノコロイドが空気中に広がります。それは、直径が一五ナノメートル、すなわち〇・〇一五マイクロメートルということになります。一般に粒子が二マイクロメートル以下の場合、肺の奥深くまで到達することがわかっています。ということは、人間が銀ナノコロイドを吸い込んだ場合、肺の奥深く入り込んで、そこに存在する銀イオンが細胞に作用するということです。

これは、安全性の上で問題がないのでしょうか？　私は、『週刊金曜日』二〇〇六年一一月一〇日号の「新・買ってはいけない」で、「ルックきれいのミスト」を取り上げましたが、その際、その点について、ライオン・広報部に質問しました。すると、「銀イオンの環境に対する影響、人体に対する安全性、アレルギーについても、実用上問題のないことを確認しております」という簡単な答えが、文書で送られてきたのみでした。

しかし、銀イオンを人間に吸い込ませるという実験は、人体実験となってしまうので、行なうのは不可能と考えられます。となると、いったいどうやって安全性を確認したのでしょうか？　とうてい納得がいきません。

なお、「ルックきれいのミスト」のキッチン用、浴室用、布製品用は、二〇一三年二月で製造が終了したため、現在はほとんど出回っていません。ちなみに、トイレ用は今も製造・販売されています。

「バクテリート」の除菌成分

「ファブリーズ」、「リセッシュ」、「ルックきれいのミスト」のほかにも、除菌・消臭スプレーがいろいろあります。小林製薬の「バクテリート」「消臭元ミスト」、エステーの「エアウォッシュ」などなど。

この中で「バクテリート」は、室内の空気そのものを除菌することを目的として発売された製品です。「使い方」に、「キッチンにこもった空気には、空中に二〜三秒スプレーする」とあります。つまり、台所の空気中にスプレーして、臭いを消そうというわけです。

「バクテリート」の除菌成分も、第四級アンモニウム塩です。ボトルに、「成分：両性界面活性剤系消臭剤、第四級アンモニウム塩、香料、エタノール」と表示されているので、間違いありません。そして、小林製薬によると、「第四級アンモニウム塩の塩化ベンザルコニウムが使われている」とのことです。

除菌・消臭スプレーを使っている家庭の中には、子どもがゼンソクなどのアレルギーのため、その原因となりうるカビを退治しようという狙《ねら》いの人もいると思います。ところが、逆にアレルギーを引き起こしてしまう危険性があるのです。

塩化ベンザルコニウムについては、1章でも説明しましたが、この成分をふくんだ床用洗浄液の使用後に、室内に残った成分を吸い込んでアレルギー性のゼンソクを発症した例が報告されているからです。

アレルギーは化学物質でも起こる

アレルギーは、花粉やダニ、カビ、大豆や小麦、牛乳、卵などが原因と一般には思われていますが、化学物質でも、容易に発生するのです。その典型が、ゼンソクです。これは、自動車の排気ガスに含まれる化学物質によって、間違いなく発生します。私はそれを自らの体験で確認しました。

千葉県の木更津市から千葉市に通じて、そこから北上して、さらに埼玉県を通って横浜市のほうまで、東京都心を遠めにグルッと囲むように走っている国道一六号線という幹線道路がありま す。常磐高速、東北自動車道、関越自動車道、東名高速などと交わっている道路で、京葉工業地帯からのトラックが、この道路を経由して、それらの高速道路に流れていきます。

したがって、トラックの交通量がひじょうに多く、朝、昼、夜、さらに真夜中、明け方と、常にトラックが、真っ黒な排気ガスをモクモクと吐き出しながら走っています。あまりにもトラックが多いため、舗装された道路はその重みで凹んで、タイヤの跡が延々と続いてるような状態です。

その道路沿いにある公団住宅に私が住み始めたのは、一九九四年夏のことでした。公団に何度か応募し、運良く当選して、そこに住むことになりました。ところが、公団が指定してきた棟は、その国道一六号線のすぐそばに建っていたのです。

当然ながら、排気ガスが漂っていましたし、騒音も気になったので、私は入居することに戸惑いを感じたのですが、とにかく家賃が安かったのと、団地周辺が田園であったため、それらの魅力に負けて、とりあえず入居することにしました。

排気ガスでゼンソクに

ところが、そこに住み始めてから三カ月ほどして、私は風邪をひいてしまいました。しかも、それまでなら風邪をひいても、二〜三日でたいてい治っていたのですが、一週間たってもいっこうに治りませんでした。さらに、なぜか夜中に激しく咳き込むようになってしまったのです。

一度咳がでると、なかなか止まりませんでした。また、止まったとしても、しばらくすると再び咳き込みました。それを夜中に何回もくり返すわけです。ですから、熟睡することができません。すると、次の日、体全体がモワッとした状態で、疲れがとれておらず、頭もボーっとしていて、とても仕事になりませんでした。

そうした状態は、一カ月たっても治りませんでした。毎日夜中になると咳き込んで、それがなかなか止まらないのです。つまり、ゼンソクになってしまったのです。

ゼンソクを経験した人は分かると思いますが、ひじょうにつらいものです。昼間も咳はでますが、とくに夜中になると激しくなるので、一晩中十分に眠ることができないような状態になります。そして、咳をするときは、全身に力が入るので、とてもエネルギーを使います。そのため、とても疲れます。

ゼンソクは一種の拒否反応

仕方がないので、私はまた引越しすることにしました。国道一六号線から離れた空気のきれいな場所に越したのです。すると、まもなくゼンソクはピタリと治まりました。原因となる排気ガスがなくなったので、のどや気管支の粘膜が刺激されなくなったからです。

つまり、ゼンソクは化学物質によって容易に起こるのです。これは、当然といえば当然です。

排気ガス、とくにディーゼル車の黒い排気ガスの中には、ニトロピレンやベンツピレンといった発がん性のある化学物質が含まれています。

したがって、それを吸い続けていると、肺ががん化する可能性があります。ちなみに、ディーゼル排ガスをネズミに吸わせ続けると、肺がんが発生することが実験で確認されています。

そこで、体はそれらの化学物質を拒否しようと反応します。つまり、咳を起こすことで、気管支にくっついた発がん物質を外に排出しようとするのです。また、咳を起こすことで警告を発する意味もあります。それが、ゼンソクです。

また「環七ゼンソク」「環八ゼンソク」という言葉があります。都内を走る環状七号線や環状八号線沿線に住む人々がゼンソクになることが多く、そう呼ばれています。交通量が多いため、排気ガスの量も多く、それが原因でゼンソクになる人も多いのです。

ですから、ゼンソクを薬などで無理に抑えてはいけないのです。ゼンソクを起こす原因があるわけですから、それを取り除かなければならないのです。

体が第四級アンモニウム塩を拒否？

除菌・消臭スプレーを使うということは、第四級アンモニウム塩や両性界面活性剤、香料などの化学物質を室内にまきちらすということです。

第四級アンモニウム塩は、間違いなく粘膜を刺激します。細胞の膜を壊す作用があるからです。

したがって、目に入ると痛むということになるのです。また、両性界面活性剤も、殺菌力があるので、粘膜を刺激する可能性があります。香料も、指定成分の一つであり、同様な作用がありまます。

部屋の中に拡散したそれらの化学物質を人間が吸い込んだ場合、敏感な人は鼻やのどなどの粘膜が刺激されて、鼻がむずがゆくなったり、鼻水が出たり、あるいは咳が出たりということが考えられます。これらも、一種の拒否反応と考えられます。

とくに、除菌・消臭スプレーが、ふとんやまくらなどの寝具に使われた場合、寝ている間にそれらの化学物質を吸い込む可能性があるので、影響が大きいと考えられます。

さらに、赤ちゃん用品に使われた場合、まだ体が十分に発達していない乳幼児が、それらの化学物質を吸い込むことになります。その影響も心配されます。

前述のように、第四級アンモニウム塩の代表格である塩化ベンザルコニウムを含む洗浄液によって、ゼンソクを起こした例が知られています。したがって、除菌・消臭スプレーでも、ゼンソクが発生する場合があると考えたほうがよいでしょう。

除菌・消臭スプレーが免疫力を低下させる？

除菌・消臭スプレーを使うことで、もう一つ心配なことがあります。それは、人間の免疫力が低下することはないのか、という点です。

免疫とは、我々人間の体にそなわった防衛力のようなもので、もし、免疫がなかったら、生きていくことはできません。たまに免疫力のない子供が生まれることがありますが、そうした子は、無菌の環境の中で生活しなければならなくなります。

免疫は、リンパ球を中心に、マクロファージやNK細胞（ナチュラルキラー細胞）など多くの免疫細胞によって構成されています。それはひじょうに複雑なシステムで、免疫細胞が互いに連携しながら、機能しています。

例えば、なんらかの病原性ウイルスが、鼻やのどから侵入してきたとします。すると、アメーバのような動きをするマクロファージがそれを察知し、ウイルスを食べるとともに、Tリンパ球に侵入を連絡します。すると、Tリンパ球が、Bリンパ球に指示を出し、ウイルスをやっつける抗体を作られます。そして、抗体がウイルスを捕えて、不活性化して退治するのです。私たちの体の中では、常にこうしたことが行なわれているのです。

また、免疫は体内に住み着いている細菌やウイルスなどが増えすぎるのを抑えて、バランスを保っています。

人体は細菌やカビの巣窟

信じられないかもしれませんが、人間の体には常に膨大な数の微生物が住み着いているのです。

たとえば、大腸には、大腸菌や乳酸菌などの腸内細菌が一〇〇種類以上住み着いていて、その数はなんと一〇〇兆個にも達することがわかっています。人間の体の細胞は全部で六〇兆個程度ですから、細胞よりも多い細菌が、腸内に生息しているのです。

また、口の中にも約三〇〇種類以上の細菌が生息しているといわれ、このほか、肺にはカリニ原虫という原生動物などが、のどにはカンジタというカビ、さらに皮膚には、皮膚ブドウ球菌などの皮膚常在菌が生息しています。いわば人間の体は、微生物の巣窟なのです。

「そんなに細菌がいて、病気にならないの?」と心配になる人も多いと思います。心配ご無用! それらは、体と共生関係にあるので、病気を引き起こすことはないのです。そして、この共生関係を作り出しているのが、免疫なのです。

免疫は、体内の細菌やカビ、ウイルスなどが増殖しすぎて、害をもたらすことを防いでいます。そして、微生物との一定のバランスを保っているのです。しかし、このバランスが崩れると、病気になります。

たとえば、エイズ患者の場合、このバランスが崩れてしまいます。エイズを引き起こすHIV(ヒト免疫不全ウイルス)は感染すると、免疫の中心であるTリンパ球を破壊してしまいます。その結果、免疫システムがうまく機能しなくなって、免疫力が低下してしまいます。

すると、それまで免疫によって抑えられていたカリニ原虫やカンジダなどが急に増殖していきます。そして、カリニ原虫は肺の中で増殖し、肺の細胞を食い荒らして、機能を失わせてしまいます。また、カンジダは、食道や胃、腸などで増殖して、細胞を破壊していきます。これらを日和見《ひよりみ》感染症といいます。

エイズが発見された一九八〇年代は、ＨＩＶの増殖を抑える薬がなかったので、エイズ患者は、日和見感染症で亡くなっていったのです。ただし、現在は発症を抑える薬が開発されているので、亡くなることは少なくなっています。

除菌・消臭スプレーによる殺菌と免疫力

免疫がいかに重要であるかは十分わかっていただけたと思います。その大切な免疫を除菌・消臭スプレーが低下させてしまうかもしれないといったら、驚かれるでしょうか？　しかし、それは理屈上は十分考えられることなのです。

免疫というのは、いうなれば必要性があるためそなわった機能です。その必要性とは、微生物の侵入を防ぐということです。また、体内の微生物が異常に増殖するのを防ぐということです。したがって、もしこれらの必要性がなくなったら、免疫はいらなくなります。

現実的には、体の周辺、および体内に存在する微生物がいなくなるということはありませんから、免疫がなくなるということはありません。しかし、もし微生物が少なくなったら、どうでしょうか？　それは、微生物と接する機会が少なくなることを意味します。

除菌・消臭スプレーは、室内の細菌やカビを減らします。したがって、それを毎日使っていれば、それらはしだいに減っていくことになります。

つまり、そこで生活する人間は、微生物と接触する機会が減ることになります。その結果、免疫力が低下することが心配されるのです。

「除菌・消臭スプレーは百害あって一利なし！」

私と同じような心配をしている専門家がいます。徳島文理大学薬学部の櫻井純教授（病原細菌学）です。櫻井教授は、「家の中で除菌・消臭スプレーを使うことは、百害あって一利なし」と言い切っています。

私は、『週刊金曜日』二〇〇八年八月二二日号の「新・買ってはいけない・拡大版」で「ファブリーズ」などの除菌・消臭スプレーを取り上げましたが、その際、櫻井教授を取材したところ、次のように警告しました。

「私たちの周辺に生息するカビ、細菌、ウイルスはほとんどが無害。人間の体は常にそれらの病気を起こさない微生物の刺激を受けることによって、免疫力を維持して、病原性の細菌やウイルスが感染しようとした時に大きな抵抗力となっている。病院や新生児がいる、体力が弱って感染症を起こしやすい人がいる場合は、除菌も効果があるとは思うが、健康な人間が生活している家庭空間で、除菌・消臭スプレーを使うことは、害はあっても益はない。部屋の中にカビが生えてカビ臭くなっても、その程度で病気になることはない。

日本の異常潔癖症は、他の国には見られず、この状態が続けば、これまで病原性を示さなかった微生物が病気を起こすようになる可能性がある。人間の皮膚の表面や大腸の中には細菌がいて、体に刺激をあたえ、それらに対する抵抗力がついているが、除菌してしまったら皮膚を怪我したり大腸が潰瘍を起こして細菌が内部に入ったとき、それに対する抵抗力がないので、病気になってしまう。また、日和見感染症といって、免疫力のある人では病気にならないが、低下した人では発病する病気があり、そうした病気が発症する可能性もある」

免疫と微生物のバランスが重要

私たちの体は、微生物との本当に微妙なバランスによって、成り立っています。たとえば、少し体が冷えただけでも、あるいは仕事などで疲れた場合にも、免疫と風邪ウイルスのバランスが崩れて、風邪の症状が現われます。

風邪をひくと、熱がでます。これは、免疫がウイルスと戦った結果なのです。そして、熱が出て体温が上がると、免疫力は高まり、ウイルスは弱くなり、免疫がウイルスに打ちがって、元の状態に戻ります。すなわち、風邪が治るのです。なお、解熱剤で無理に熱を下げると、かえって風邪が治りにくくなることがあるので、注意して下さい。

また、怪我をした場合、水できれいに洗って消毒をすれば、しだいに傷口は治っていきますが、不潔にしておくと化膿《かのう》してしまいます。これは、ある意味、免疫が細菌に劣勢な状態になったことを意味しています。膿《うみ》は、白血球など免疫細胞の死骸だからです。もし、化膿したところが何時までも治らない場合、さらに重症化することになります。

このように、免疫は常に細菌などの微生物と戦っているのです。そして、何とかそれらの侵入や増殖を抑えて、一定のバランスを保ち、体を維持しているのです。もし、これらのバランスが少しでも崩れれば、病気になってしまうのです。

したがって、免疫力を一定に保つということが、ひじょうに重要なのです。しかし、テレビCMに乗せられて、カーペットやカーテン、ソファなどに除菌・消臭スプレーを吹きかけ、除菌剤を部屋にまき散らしていると、微生物と接触する機会が減ってしまって、体の免疫力が弱くなってしまう可能性があるのです。

若者に多い新型インフルエンザ患者

最近、若い世代の人たちの免疫が低下しているのではないか、という危惧を私は持っています。建物や道路などのコンクリート化が進み、日常生活がひじょうに清潔になり、さらに除菌・消臭スプレーなどによって、細菌やウイルスなどが生活空間から排除される傾向にあります。

櫻井教授も指摘しているように、人間の体は微生物と接することによって、免疫が保たれています。その微生物が減れば、当然、免疫力も低下すると考えられます。それが、若い世代に現われているように思えてなりません。たとえば、新型インフルエンザの感染者は二〇歳以下が大半を占めていますが、免疫力の低下と関係はないのでしょうか？

新型インフルエンザについては、テレビや新聞などで連日のように報じられていますので、ほとんどの人がご存知だと思います。それは、二〇〇九年三月頃にメキシコで発生したと見られています。そして、アメリカやヨーロッパにも広がり、日本でも五月に感染者が見つかり、全国各地に広がりました。感染者はずっと増え続けていますが、その八割は一〇代と二〇代の若い人たちです。

とくに小・中・高生が多いのですが、学生は常に学校やクラブなどで集団生活をしているので、感染が拡大しやすいことは間違いないでしょう。しかし、大人の場合も、学生ほどではないにしても、会社や役所などで集団生活をしています。また、高齢者も施設に入っている人が多いので、やはり集団生活をしていることになります。

ところが、大人の間では集団感染はそれほど起こらず、高校生以下の子どもたちの間では起こっていて、感染者の数が圧倒的に多くなっているのです。

高齢者が感染しにくいのはなぜ？

厚生労働省の調べによると、二〇〇九年七月一四日までに確認された患者二八九四人のうち、一〇代は四七％と半数近くを占めています。次いで一〇歳未満が一九・三％、二〇代が一六・五％となっています。一方、私の年代である五〇代はわずか三・三％、六〇代以上となると、一・〇％にすぎません。

一〇代の中・高生が集団生活をしていて、いくら感染が広がりやすい環境にあるとはいえ、あまりにも差がありすぎます。ふつう高齢になると、免疫力が低下するので、六〇代の患者がこれほど少ないのは不思議です。

その理由の一つに、高齢者の場合、過去に新型インフルエンザウイルスに似たウイルスに感染していたことがあるため、免疫を備えているのではないかという見方があります。

一九一八年にインフルエンザの「スペイン風邪」が世界的に流行し、四〇〇〇万人にもおよぶ死者が出たといわれています。

この「スペイン風邪」のウイルスの子孫が変異して、新型インフルエンザウイルスになったと考えられます。したがって、過去にこのウイルスに一度感染した人は、免疫力ができていて、それに似た新型インフルエンザのウイルスに感染しにくいのではないか、というわけです。

無菌化は、かえって危険！

ここで重要なことは、高齢者が一度「スペイン風邪」ウイルスにさらされて、それに対して体の免疫システムが反応して、免疫力が備わったと考えられることです。つまり、体の免疫力は、ウイルスなどの微生物と接触することで獲得されるものだということです。

もし、高齢者が過去にこのウイルスにさらされていなかったなら、免疫は獲得されず、新型インフルエンザに感染していたかもしれません。つまり、免疫力をつけるためには、ある程度微生物と接触する必要があるのです。

ところが、一〇歳未満や一〇代の子どもたちの場合、「スペイン風邪」ウイルスに接触したという経験はもちろんないでしょうし、ひじょうに清潔な、そして細菌やウイルスの少ない生活空間で暮らしているので、免疫力が大人に比べて弱く、新型インフルエンザに次々に感染しているのではないでしょうか？

したがって、新型インフルエンザだけでなく、そのほかの感染症にも感染しやすい可能性があると考えられます。もちろん、これはまだあくまで仮説であって、証明されたわけではありません。しかし、今回の新型インフルエンザの患者発生状況を見ていると、どうしてもこうした心配をせざるをえないのです。

除菌・消臭スプレーなどによる行き過ぎた無菌化は、体にとってプラスにはならないことを認識しておいたほうがよいように思います。

なぜ、成分が表示されないのか？

ところで、1章でも簡単に触れたように、「ファブリーズ」や「リセッシュ」などは、成分が具体的に表示されていません。各メーカーに問い合わせても、企業秘密を盾に教えてくれません。

ほかの家庭用品、たとえば、洗濯用洗剤や台所用洗剤などは、具体的に成分名がかかれています。たとえば、花王の「アタック」は、「界面活性剤［二四％、直鎖アルキルベンゼンスルホン酸ナトリウム、ポリオキシエチレンアルキルエーテル、水軟化剤（アルミのけい酸塩）、アルカリ剤

（炭酸塩）、工程剤（硫酸塩）、分散剤、蛍光増白剤、酵素」と、洗浄成分の合成界面活性剤が、具体的に表示されています。

これらの違いは、家庭用品品質表示法の対象になっているか、なっていないかによるものです。家庭用品品質表示法とは、家庭用品の品質について、適正な表示を義務付けて、消費者が正しい商品選択をできるようにして、損害をこうむらないようにするための法律です。

この法律で対象になる家庭用品とは、繊維製品、合成樹脂加工品、電気機械器具、雑貨工業品で、具体的には政令で定められています。

表示する内容は、製品の成分・性能・用途・その他品質に関するものです。たとえば、衣類などの繊維製品の場合、組成・取り扱い絵表示・収縮性・難燃性・寸法・はっ水性などを表示することが決められています。

洗濯用洗剤や台所用洗剤などの合成洗剤は、雑貨工業品に分類されます。そして、成分・液性・使用量の目安・使用上の注意などを表示することが決められています。そのため、具体的な界面活性剤の名称が表示されているのです。

成分が表示されないのはおかしい

ところが、同じ家庭用品でありながら、除菌・消臭スプレーは、雑貨工業品にふくまれていないのです。もちろん、ほかの合成樹脂加工品などにもふくまれていません。つまり、この法律の対象になっていないのです。したがって、具体的な成分名が表示されていないのです。

除菌・消臭スプレーは、まぎれもなく家庭用品の一つであり、すでに一般家庭で当たり前のように使われているのですから、本来ならこの法律の対象にすべきです。それが、なぜ行なわれていないのか不思議ですが、一九六二年に制定された古い法律であるため、除菌・消臭スプレーのような製品は、想定外だったことが考えられます。

しかし、対象の範囲は政令で決めることができるので、本来であれば、時代の状況をみはからって、対象に加えるべきなのです。この法律は、経済産業省の管轄ですが、そこの担当者が、対象に加えることを怠っているとしか思えません。

経産省という役所は、いわば企業をバックアップして、産業を振興させることが役目ですから、企業の営業や活動を制限するようなことはしたがらない面があります。当然ながら、除菌・消臭スプレーを家庭用品品質表示法の対象に加えて、成分などを表示させようとすれば、各メーカーが抵抗するでしょうから、積極的にそれを行なう意志はないようです。

しかし、今は情報公開が求められている時代ですから、企業自らが、消費者が知りたい情報は積極的に公開して、その上で商品を選択してもらうという姿勢が必要なのではないでしょうか。

消費者庁が表示を決めることに

実は近い将来、除菌・消臭スプレーも、家庭用品品質表示法の対象になるかもしれません。なぜなら、二〇〇九年九月に発足した消費者庁が、この法律を管轄することになったからです。

消費者庁は、食品、住宅、生活用品、金融などに関する法律で定められた権限の一部を、厚労省、農水省、経産省などから譲り受けています。そのなかには、家庭用品品質表示法もふくまれているのです。したがって、家庭用品の表示に関しては、消費者庁が決めることになるのです。

私は、これまで経産省の担当官に、「除菌・消臭スプレーも、家庭用品品質表示法の対象に加えるべき」といってきましたが、それは受け入れてもらえませんでした。それを行なおうとすれば、企業が反発するでしょうし、改定作業も大変でしょうから、担当官はやりたくなかったのでしょう。

しかし、消費者庁は、消費者の生活の安全と安心を実現することを目的とする役所です。したがって、消費者が商品選択をしやすいように、除菌・消臭スプレーなどの生活用品を、対象に加えることにやぶさかではないでしょう。今後は、消費者庁の担当者に対して、そのことを積極的に訴えていきたいと思っています。

除菌・消臭スプレーは「踏み絵」

「ファブリーズ」や「リセッシュ」、「ルック　きれいのミスト」などの除菌・消臭スプレーは、単なる生活用品の一つではないと、私は感じています。こうした製品を私たちが使い続けて無菌化社会をさらに進めていくのか、あるいはこうした生活は「おかしい」と反省して、利用を止めていくのか、いわば「踏み絵」のように思えるのです。

私たちの周りには、さまざまな微生物が生息しています。空気中には、カビや細菌が浮遊しています、台所や風呂場、トイレにもさまざまな微生物が生息しています。また、前に述べたように私たちの体の中にも細菌やカビなどが生息しています。

したがって、私たちはこれらの微生物たちと縁を切ることなどできないのです。ですから、微生物を排除するのではなく、バランスよく共生していくことが大切なのです。

もちろん微生物が増えすぎてしまうのは困ります。風呂場がカビで黒くなるというのはよくないでしょうし、台所の流しがヌメリで常に汚れているのもよくないでしょう。しかし、それらは水やお湯などで洗い流せるはずです。わざわざ除菌・消臭スプレーを使って殺菌する必要はないのです。ましてや室内の空気を除菌・消臭スプレーで除菌する必要などありません。

除菌・消臭スプレーを使わない法

部屋に嫌な臭いがこもったり、かび臭くなったりというのは、確かに不快なものです。しかし、そんな時は、まず窓を開けて空気を入れかえればよいのです。私の家も、窓を閉めておくと、部屋がかび臭くなることがあります。とくに梅雨の時期や夏場はそうです。でも、窓を開け放って、風邪をいれればカビ臭さはなくなります。

部屋の中で焼肉や焼きソバを焼いたりすると、臭いがついて、しばらく抜けなくなりますが、窓を開けて、換気扇を回して空気が部屋の中を流れるようにすれば、臭いがつかなくてすみます。

それから、臭いは、ガラスや壁、家具などに付着し、徐々に拡散されていくので、濡れたぞうきんで拭いて、臭い成分を取り除くことが大切です。

お風呂場や台所が臭った場合は、換気扇を回しましょう。しばらく回していれば、臭いもなくなりますし、湿気もとれます。

カーテンについた臭いは、洗濯することで落とすことができます。ソファには布カバーをつけて、汚れたり、臭うようになったら洗濯しましょう。

カーペットは、定期的に掃除機をかけます。ゴミやほこりとともに臭い成分も吸い取ってくれます。

寝具は、晴れた日に太陽に当てましょう。臭いや湿気もとることができます。お日様に当たったふとんや毛布は、ちょっと焦げたようないいにおいがするものです。

私の家では、このようにして、嫌な臭いが部屋や寝具などにこもらないようにしています。もちろん、除菌・消臭スプレーは使っていません。わけの分からない化学物質にさらされることなく、快適に生活しています。また、お金がかからないので、経済的です。

3章

「トイレその後に」は化学物質過敏症の原因となるか？

食堂などに置かれる「トイレその後に」

大便をしたあとのトイレは臭います。当たり前です。大便が臭いのですから。しかし、その当たり前のことを嫌う人が多いのも事実です。前の人の大便の臭いをかぐのはもちろん嫌でしょうし、自分の便の臭いを後から入った人にかがれるのも嫌なようです。多少「申し訳ない」という気持ちも働くのでしょう。そこで、売り出されたのが、トイレ用消臭スプレーです。

代表格は、なんといっても小林製薬の「トイレその後に」。実に分かりやすいネーミングです。ネーミングだけは、すばらしいといえます。

小林製薬は、いわば「すきま製品」を開発し続けている会社です。武田薬品工業や大正製薬などのトップメーカーがてがけない衛生用品や家庭雑貨を次々に発売し、売り上げを伸ばしています。「トイレその後に」も、そんな商品の一つです。

食堂や居酒屋などのトイレに入ると、「トイレその後に」が置かれていることがとても多いことに気づきます。「臭いときは、これを使って下さい」ということなのでしょう。あるいは「後から入る人のために使って下さい」ということなのかもしれません。

家庭でも、この製品をトイレに置いているケースもあるようです。おそらく食堂などと同じ理由で使われているのでしょう。

第四級アンモニウム塩を配合

しかし、「トイレその後に」は、本当に便の臭いを消すことができるでしょうか？　まず、その成分を見てみましょう。

ボトルには、「植物抽出物、両性界面活性剤系消臭剤、第四級アンモニウム塩、香料、エタノール」という表示があります。2章で紹介した「バクテリート」と同様に除菌剤として、第四級アンモニウム塩を使っています。これもおそらく塩化ベンザルコニウムでしょう。

さらに、「バクテリート」や「リセッシュ」と同様に両性界面活性剤系消臭剤とエタノールが配合されています。あとは、植物抽出物と香料。

この製品のボトルには、「トイレにスプレーするだけで、排便後のいやな臭いが瞬時に消え、さわやかな香りが漂います」とあります。「いやな臭いが瞬時に消え」とは、なかなかの自信ですが、そんなことが可能なのでしょうか？

成分の第四級アンモニウム塩は、細菌を殺すためのものです。タンパク質などを細菌が分解すると、嫌な臭いが発生します。したがって、汗などが細菌によって嫌な臭いに変化する場合は、第四級アンモニウム塩は効果があるでしょう。

しかし、大便から漂ってくる臭いに対しては、それをすぐに消すことはできないでしょう。エタノールも殺菌作用がありますが、同様です。

両性界面活性剤系消臭剤は、プラスとマイナスの電気を併せ持っていて、酸性またはアルカリ性の臭い分子と結合して、消臭するといわれています。この成分が、便から漂う嫌な臭いを消すのでしょうか？

植物抽出物については、小林製薬に問い合わせましたが、「悪臭を消臭する成分ですが、具体的にどんな植物かは答えられない」とのことでした。

残るは、香料。香料は、ふつう何十種類もの香料成分を組み合わせて、独特のにおいを作り出しています。これによって、マスキング効果が現われます。つまり、強烈な香りをかぐことによって、嫌な臭いが打ち消されて、感じなくなるという効果です。実際には、このマスキング効果が大きいのでしょう。

アンモニア臭にはほとんど効果なし

少し古い話になりますが、国民生活センターでは、二〇〇〇年一二月から二〇〇一年三月にかけて、市販されているスプレータイプの消臭剤一五製品について、その効果や安全性のテストを行ないました。その中に、「トイレその後に」もふくまれていました。

この時使われた「トイレその後に」は、無香料タイプで、成分は「両性界面活性剤系消臭剤、エタノール」です。ほかにトイレ用消臭スプレーがもう一つあり、それはエステー化学の「キャッチ　三〇〇㎖トイレ用（無香料タイプ）」でした。

成分は「不飽和脂肪酸系消臭剤、植物精油、抗菌剤、エタノール」です。不飽和脂肪酸とは、脂肪を構成する成分で、植物油に多くふくまれているものです。

トイレの悪臭は、当然ながら尿と大便が原因です。それらから揮発する悪臭成分が、人間の嗅覚を刺激するわけです。尿の悪臭成分の代表は、アンモニアです。便器からツーンと漂ってくる臭いです。

大便からは、メチルメルカプタンという悪臭成分がでます。それから、硫化水素もわずかに出ます。硫化水素は、火山ガスにふくまれる有毒ガスです。イオウをふくむタンパク質の腐敗によっても発生します。オナラにもふくまれています。

国民生活センターでは、この三つの代表的な悪臭成分を使って、「トイレその後に」や「キャッチ　三〇〇㎖トイレ用（無香料タイプ）」などの製品の消臭効果をテストしました。その結果、「トイレその後に」は一秒間の噴射によって、メチルメルカプタンを約七三％、硫化水素を九〇％減少させることができました。しかし、アンモニアについては、約九％しか減少させることができませんでした。

ちなみに「キャッチ　三〇〇㎖トイレ用（無香料タイプ）」の場合は、メチルメルカプタンは約九〇％、硫化水素は一〇〇％近く減少しましたが、アンモニアはほぼ〇％の減少という結果でした。どちらの製品も、アンモニアに対してはほとんど効果がないようです。

暫定目標値をオーバー

このテストでは、噴射剤として使われているＬＰガス（液化石油ガス。プロパンなどを主成分とする可燃性ガス）についても調べました。その結果、「トイレその後に」の場合、ＬＰガスの割合が八二％と一五製品中最も多いことが分かりました。

トイレ用消臭スプレーの場合、便を流したあとに使うことになりますが、狭い空間に広がった便の臭いを瞬時に取り除く必要があります。そのためには、配合成分が短時間に隅々まで行き渡る必要があり、LPガスをたくさん詰め込んで一気に噴射させるということになるのでしょう。しかし、それだけ製品の発火の危険性が高くなります。

また、「トイレその後に」の場合、噴射した際のスプレーの平均粒子が、六・六マイクロメートル（マイクロは一〇〇万分の一）と最も小さいこともわかりました。粒子径が一〇マイクロメートル以下の場合、呼吸をした際に吸い込むと、肺胞まで達するとされており、粒子径が小さいほど肺の奥まで入りやすく、それだけ影響をおよぼすことになります。

さらに、「トイレその後に」をスプレーした際に、化学物質過敏症の原因となるTVOC（総揮発性有機化合物）が、厚生労働省の暫定目標値一立方m当たり四〇〇マイクログラムを超えていました。

暫定目標値は、「人がその濃度の空気を一生涯に渡って摂取しても健康への有害な影響は受けないであろうと判断される値」です。したがって、それを超えた場合、何らかの影響を受ける可能性があるということです。なお、TVOCについては、ほかに一二製品がこの暫定目標値を超えていました。

トイレ用消臭スプレーの成分

トイレ用消臭スプレーは、ほかに「トイレの消臭元」（小林製薬）、「トイレの消臭力」（エステー）、「シャルダンエース」（エステー）などがポピュラーな製品といえます。

「トイレの消臭元」の成分は、「両性界面活性剤系消臭剤、香料、植物抽出物、エタノール」で、第四級アンモニウム塩がふくまれないこと以外は、「トイレその後に」と同じです。植物抽出物は、カテキンなどだといいます。

「トイレの消臭力」は、「植物抽出消臭剤、香料、抗菌剤、エタノール」で、界面活性剤はふくまれていません。「シャルダン　エース」は、「香料、エタノール、植物抽出物」で、主に香料によるマスキング効果を狙ったもののようです。

トイレの狭い空間に、トイレ用消臭スプレーを使うということは、第四級アンモニウム塩などの抗菌剤、両性界面活性剤、香料、エタノール、ＬＰガスなどが瞬時に広がるということです。その濃度は、除菌・消臭スプレーを居間や寝室にスプレーしたときに比べて、ずっと高くなります。それらの成分によって、どんな影響がもたらされるのでしょうか？

トイレ用消臭スプレーが化学物質過敏症の原因に？

まず、香料によって気分が悪くなることが考えられます。香料は指定成分の一つであり、刺激性があります。したがって、狭い空間に香料のにおいが充満した場合、「気分が悪くなる」という人がけっこういるのです。

また、総揮発性有機化合物（ＴＶＯＣ）の濃度が高いと、化学物質過敏症を起こすことがあると考えられます。化学物質過敏症は、１章で説明したシックハウス症候群と似たものです。

ちなみに、シックハウス症候群は、住宅内から発生する化学物質による化学物質過敏症であるといえます。さらに、ダニやカビなどが原因のアレルギーも、シックハウス症候群に含まれます。

一方、化学物質過敏症は、ホルムアルデヒドやトルエン、パラジクロロベンゼンなど住宅内から出る化学物質のほか、農薬や排気ガスなど化学物質一般によって発生します。その症状は、1章で説明したシックビル症候群とほぼ同じようなものです。

すなわち、目や鼻やのどへの刺激、唇の乾燥、ジンマ疹、湿疹、ゼンソク、頭痛、めまい、動悸、倦怠感、うつ状態などが主な症状です。排気ガスを吸い込んだ場合は、胸痛が起こることがあります。私の場合、交通量の多い道路を歩いた後は、たいてい胸痛と目の痛みを感じます。

化学物質過敏症のメカニズム

化学物質過敏症のメカニズムは、まだよくわかっていませんが、日本で草分け的研究者である石川哲・北里大学医学部教授は次のように説明しています。

人間の体というのは、環境に順応する力を持っています。たとえば、暖かいところから寒いところに引っ越した場合、最初は寒さがこたえますが、しだいにその寒さになれていきます。つまり、体が寒さに「適応」していくのです。

この「適応」は、有害な化学物質に対しても起こると考えられています。もちろん、大量の化学物質を飲み込んだり、吸い込んだりした場合は、中毒症状を起こして、死亡することもあります。しかし、微量を摂取した場合、体がそれになんとか「適応」して、いつもどおりの生活を送ることができるのです。

ところが、「適応」した有害化学物質にしばらく接触しなくなったとします。すなわち、「離脱」の状態になったとします。そして、再び有害化学物質に接触したとします。すると、体がそれに激しく反応してしまい、その結果として、化学物質過敏症のさまざまな症状が現われるというのです。

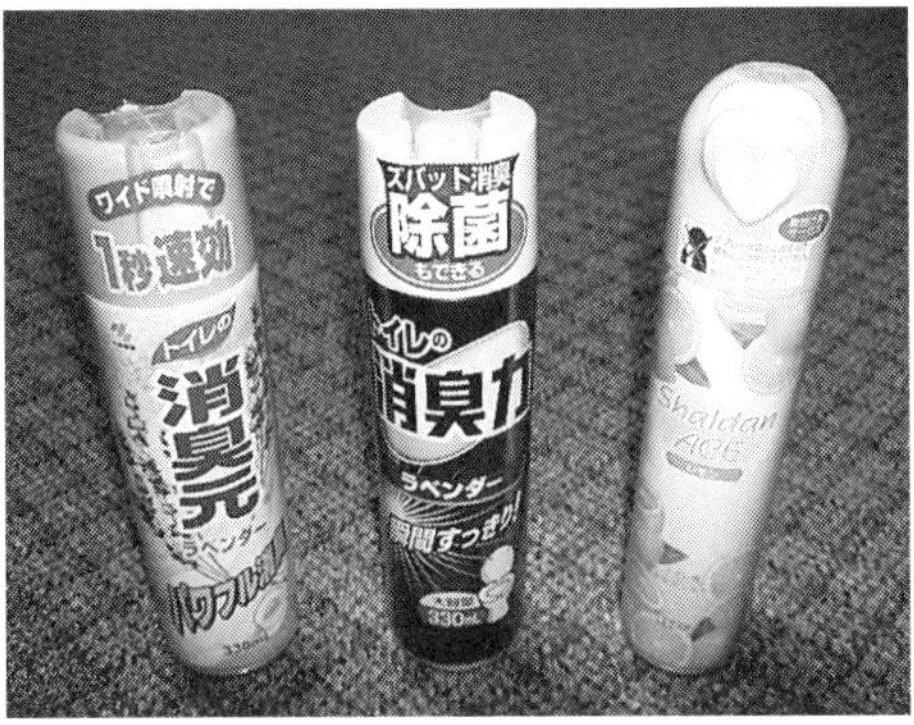

有害化学物質が刺激や痛みをもたらす

私は、化学物質過敏症は、有害化学物質が粘膜や皮膚などに対して起こす刺激や炎症、さらに、それに対する体の拒否反応の結果としておこる症状ではないかと考えています。

目の粘膜はひじょうに敏感なところです。小さなゴミが入っただけでも、強い痛みを感じます。それだけ目というのは重要な器官なので、防護システムがそなわっているのでしょう。したがって、有害化学物質がごく微量入っただけでも、強い刺激や痛みとなって現われると考えられます。

また、鼻やのどは、体の外側と内側の接点であり、有害化学物質が接触しやすいところです。したがって、有害化学物質が接触した場合、それによって粘膜の細胞が壊されたり、傷んだりして、それが脳に伝わって、刺激として感じられることになると考えられます。

さらに、有害化学物質が肺から吸収され、血液に乗って体内をめぐって脳に達すれば、頭痛やめまいが起こることが考えられます。

それが皮膚に達した場合、そこで免疫が反応して、ジンマ疹や湿疹などのアレルギーが起こることも考えられます。ジンマ疹は、一種の警告反応であることがわかっています。つまり、体にとって害のあるものが入ってきた際、皮膚を赤く腫らして、それを知らせるのです。

したがって、どんな化学物質でも、それが体にとって有害であれば、化学物質過敏症の症状を引き起こし得ると考えられるのです。

トイレ用消臭スプレーはいらない

トイレ用消臭スプレーは本当に必要なのでしょうか？　排便後のトイレは確かに臭いますが、それは一時的なものです。窓を開け放ったり、換気扇を回すことで、すぐに臭いは消え去ってしまいます。アンモニア臭も、窓を開け放ったり、便器をそうじすることで、なくすことができます。

わざわざトイレ用消臭スプレーを噴射させて、狭い空間に化学物質をまきちらして、空気を汚染する必要はないと思います。場合によっては、それは化学物質過敏症の原因となりうるのですから。

化学物質過敏症になっている人にとっては、トイレに香料などの化学物質をまきちらされることは、とても辛いことなのです。そういう人がいるということも忘れないでほしいと思います。

4章

「バルサン」に含まれるあぶない成分

強力殺虫成分が部屋中に

部屋の中を殺虫剤の混じった煙でいっぱいにし、タンスや本箱などの裏にひそむゴキブリやノミ、ダニまでも殺してしまおうと言うのが、くん煙剤です。その代表格は、なんといっても「バルサン」（ライオン）でしょう。

「すみずみまで効くバルサン」というテレビCMを流し続けて、「ゴキブリ、ノミ退治にはバルサンが一番」という思い込みを多くの人に刷り込みました。見事なまでのマインドコントロールです。

しかし、部屋中にいるゴキブリやノミなどを皆殺しにするというのですから、そうとう毒性の強い殺虫剤が使われていると考えられます。その殺虫剤を吸い込んだ人間やペットはいったいどうなるのでしょうか？　とても気がかりです。

「バルサン」には、いくつかタイプがあって、「赤のバルサン」「黄色のバルサン」、そして黒いパッケージのバルサンがあります。

赤い「バルサン・ＳＰジェット」「バルサン・水ではじめる」は、ゴキブリ、ダニ、ノミ用です。煙と共に殺虫剤が部屋の中に広がり、害虫を退治すると言います。その殺虫剤とは、ペルメトリンとメトキサジアゾンです。

神経毒のピレスロイド

ペルメトリンは、ピレスロイド系の化学物質です。ピレスロイドとは、除虫菊の殺虫成分であるピレトリンを真似て化学合成した物質の総称です。除虫菊はキク科の多年草で、白い可愛らしい花を咲かせます。

原産国は地中海・中央アジアといわれ、ヨーロッパでは一九世紀から殺虫剤として使われ始め、日本には一八八一年にイギリスから粉剤が初めて輸入されました。現在もケニアをはじめ世界各地で、殺虫剤の原料として栽培されています。殺虫成分のピレトリンは、花の子房に多くふくまれています。

ピレトリンは、昆虫に対して神経毒として作用しますが、分解されやすい物質で、とくに光によって速やかに分解されてしまうという欠点がありました。また、除虫菊から生産するため、大量に安定的に作ることが困難でした。

そこで、ピレトリンに似た化学物質がいろいろ人工的に合成されるようになりました。これらは、ピレトリンと同様に殺虫効果があり、ピレスロイド系殺虫剤といわれています。

成分に発がん性が

ペルメトリンは、住友化学工業が開発したもので、まず家庭用殺虫剤として販売されました。一九八五年には農薬として登録され、野菜のアオムシやヨトウムシ、果樹のハマキムシやシンクイムシ、花のアブラムシなどの駆除に使われています。

ペルメトリンは、ピレスロイドの中では、もっとも危険性の高いものといえます。なぜなら、発がん性があるからです。アメリカ環境保護局（EPA）が、一九八七年に公表した報告書によると、動物実験でペルメトリンに発がん性が確認されています。そのため、EPAは、ヒトに対して発がん性の恐れのある農薬としてあげています。

またペルメトリンは、湾岸戦争症候群との関係が取りざたされています。一九九〇年に勃発した湾岸戦争では、多くのアメリカ兵がイラクに派兵されましたが、その帰還兵の一部に、記憶力減退、頭痛、疲労感、皮疹などの症状が見られ、湾岸戦争症候群と名付けられました。

その原因の一つとして、虫よけ剤として使われた「ディート」が疑われていますが（9章を参照のこと）、その原因追求の過程で、ペルメトリンがディートの毒性を強めて、症状を悪化させているのではないかという疑いが持たれるようになったのです。

ベンゼン核を持つペルメトリン

ペルメトリンは、ピレスロイドの中では独特の化学構造をしています。除虫菊にふくまれる殺虫成分のピレトリンに、ベンゼン核（いわゆる亀の甲）が二個結合した格好なのです。さらに、塩素（Cl）が二個結合しています。つまり、有機塩素化合物であり、分解しにくいと考えられます。

実は、このベンゼン核というのがたいへんな「悪者」なのです。

というのも、ベンゼン核単独、すなわちベンゼンは、人間にがんを起こす発がん物質だからです。これはベンゼンをたくさん使っていた靴製造の従業員が、白血病を起こしたことから明らかになりました。

ベンゼンが人間の骨髄に作用して、その結果、白血病が起こるらしいことは一九世紀末から知られていました。一九二八年、フランスの研究者がそのことを初めて報告し、その後、靴製造の盛んなイタリアで白血病の患者がたくさん見つかりました。

靴を製造する工場では、革の接着にニカワが使われますが、その際の空気中のベンゼンの濃度は二〇〇〜五〇〇ｐｐｍ（ｐｐｍは一〇〇万分の一を表わす濃度の単位）と高く、そこの従業員たちが白血病になる危険度は、通常の人たちよりも二〇倍も高かったのです。

これは、ベンゼンがニカワの溶剤として使われていたからで、イタリアでは、一九六三年以降は、ニカワやインクなどの溶剤としてベンゼンを使うことは法律で禁止されました。

ベンゼン核二つは要注意

ベンゼン核が一つ、あるいは二つからできている化学物質には毒性の強いものが多いのです。例えば猛毒物質として恐れられているダイオキシンは、ベンゼン核二つと酸素と塩素からできています。

農薬として使われていて、発がん性があり、環境汚染をひきおこすという理由で使用が禁止されたＤＤＴも、ベンゼン核二つと塩素などからできています。ＤＤＴは、内分泌攪乱化学物質（環境ホルモン）の一つです。

このほか、カネミ油症の原因であるＰＣＢ（ポリ塩化ビフェニール）もベンゼン核二つに塩素が結合したものです。フェノールという化学物質は、プラスチックの一種のフェノール樹脂の原料のほか、香料や染料などの製造に使われていますが、動物実験で発がん性が示されていて、人間が摂取すると、中毒症状を起こします。フェノールは、ベンゼン核一つに水酸基（—ＯＨ）が結合したものです。

以上のように、ベンゼン核そのものに発がん性があり、それが一つ、あるいは二つからなる化学物質は毒性の強いものが多いので、要注意なのです。ちなみに、「ファブリーズ」や「バクテリート」に含まれる第四級アンモニウム塩の代表格である塩化ベンザルコニウムはベンゼン核を一個、塩化ベンゼトニウムは二個持っています。

怖い「注意表示」の内容

ペルメトリンは、ピレトリンの一部にベンゼン核が二個結合したものです。したがって、当初から毒性が強いことが予想されましたが、実際、動物実験で発がん性があることがわかったのです。さらに、ピレスロイドということで神経への影響も心配されるのです。

もう一つの成分であるメトキサジアゾンは、昆虫を殺す力が強く、とくに薬剤抵抗性をもったゴキブリに効くという特徴があります。

「バルサン・SPジェット」「バルサン・水ではじめる」には、ペルメトリンなどの毒性の強い化学物質がふくまれているため、いろいろな注意表示があります。

まず、「煙を吸い込まないよう注意してください」「今までに薬や化粧品等によるアレルギー症状（発疹・発赤、かゆみ、かぶれなど）を起こしたことのある人は、使用前に医師又は薬剤師に相談してください」とあります。化学物質に敏感な人の場合、発疹やかゆみなどの心配があるようです。

また、「煙を吸って万一身体に異常を感じたときは、できるだけこの説明文書を持って直ちに本品がオキサジアゾール系殺虫剤とピレスロイド系殺虫剤の混合剤であることを医師に告げて、診療を受けてください」ともあります。

つまり、中毒を起こす危険性があるということです。その場合、処置を誤ると深刻な事態におちいる可能性があるのです。それで、わざわざこうした内容がかかれているのです。こうした注意書きを読むと、使うのをためらう人も多いと思います。

「アースレッド」にも発がん性物質が

一方、黄色い「バルサン」、すなわち「バルサンSXジェット」は、主にダニやノミ用で、ペルメトリンは配合されていません。成分は、メトキサジアゾンとフェノトリンです。

フェノトリンも、ピレスロイド系の殺虫剤で、ペルメトリンととてもよく似た化学構造をしています。ペルメトリンと同様にベンゼン核を二つ持っているのです。これまで動物実験で発がん性が認められたという報告はありませんが、その可能性は十分あるといえます。

慢性毒性試験データなどは明らかにされていませんが、フェノトリンをかけられたハイチ難民の男性の乳房が膨らんだという報告があります（植村振作ほか著『農薬毒性の事典・改訂版』三省堂刊）。これは、フェノトリンが男性ホルモンの働きを低下させたために、相対的に女性ホルモンの作用が強くなったためと考えられています。

この製品も、「バルサン・SPジェット」などと同様な注意表示があります。それだけ使用の際には十分な注意が必要ということです。こうした危険性を冒してまで、あえて使う必要性があるのか、はなはだ疑問です。

このほか、アース製薬の「アースレッド」も「バルサン」と並んでポピュラーなくん煙剤ですが、成分も似ています。実は「アースレッドSW」の成分も、ペルメトリンとメトキサジアゾンなのです。「アースレッドW」は、メトキサジアゾンとシフェノトリンです。

発がん性物質を吸い込むことに

「バルサン・SPジェット」を焚いた際に、すぐに部屋を出てしまえば、ペルメトリンやメトキサジオンなどを、直接吸い込むということはないでしょう。しかし、煙とともに部屋の隅々まで行き渡ったそれらは、床やソファー、タンス、テレビなどの表面に残留することになります。とくにペルメトリンは有機塩素化合物なので分解しにくく、長期間残留すると考えられます。

それらがほこりとともに舞い上がれば、住人が吸い込むことになります。したがって、「バルサン」や「アースレッド」を使った場合、微量とはいえ毎日ペルメトリンなどを吸い込むことになるでしょう。

這い這いをしている赤ちゃんの場合、ほこりとともにそれらの殺虫剤をたくさん吸い込む可能性があります。赤ちゃんは床をなめたりすることもあるでしょうから、もろに殺虫剤を摂取することも考えられます。

また、最近では、家の中でイヌやネコなどのペットを飼う家庭が増えています。当然、ペットは床をなめたりしますし、床のほこりも吸い込みやすいので、ペルメトリンやメトキサジアゾンを吸い込みやすいことになります。

シックハウス症候群の原因にも？

1章と3章で、シックハウス症候群ならびに化学物質過敏症について説明しましたが、ペルメトリン、フェノトリン、メトキサジアゾンも、それらの原因になると考えられます。

なぜなら、それらも有機化合物の一種であり、毒性があるので、人間の粘膜を刺激すると考えられるからです。

7章で取り上げる防虫剤の「パラゾール」は、パラジクロロベンゼンからできています。これは、代表的な揮発性有機化合物の一つで、シックハウス症候群の原因となるため、厚生労働省が指針値を設定して、規制しています

この物質は、毒性が強く、発がん性も認められていますが、その名からも分かるようにベンゼン核を基本とした化学物質です。ベンゼン核一個に、塩素（*Cl*）が二個くっついた化学構造をしています。

パラジクロロベンゼンの特長は、常温では固体ですが、徐々に揮発していくということです。

そのため、部屋の空気中に拡散していき、それを人間が鼻や口から吸い込んだり、目に入ることで、シックハウス症候群の症状が現われるわけです。

ペルメトリンやフェノトリンは、揮発性ではありませんが、床に落ちたものがほこりとともに舞い上がって、人間が吸い込むことは十分あり得ます。

したがって、敏感な人の場合、パラジクロロベンゼンと同様に、シックハウス症候群の症状になることがあると考えられます。

くん煙とがんとの関係は？

「バルサン」や「アースレッド」の成分とがんとの関係はどうなのでしょうか？　動物実験によって、ペルメトリンに発がん性のあることがわかっていることは前に書きましたが、動物でがんを起こすからといって、人間でも必ずがんを起こすとは限りません。しかし、基本的な体の作りは似ているので、動物でがんを起こすということは、人間でもがんを起こす可能性があるということです。

今や、日本人の三人に一人ががんで死亡しているという紛れもない事実があります。男性の場合、二人に一人はがんを発症すると推定されています。

高齢者になるにしたがって、がんで亡くなる人数はふえていきますが、割合的には七〇代や八〇代よりも、むしろ四〇代や五〇代の働き盛りのほうが、がんで死亡する人が多いのです。

図2は、二〇〇一年の死亡者の原因別の割合を示したものです。悪性新生物＝がんは、「その他」を除外すると、ほとんどの年代で死因のトップであることがわかります。トップでないのは、男性が二〇〜三四歳、女性が二〇〜二四歳、八五歳以上です。

とくに目立つのは、四〇代から七〇代では男女ともがん死が断トツに多いことです。テレビなどで、四〇代、五〇代の俳優や歌手などががんで亡くなったというニュースがよく流れますが、それは芸能界に限ったことではないのです。一般社会でも同様なのです。

主婦と子どもが影響を受けやすい

がんで多いのは、胃がん、肺がん、大腸がん、肝臓がん、乳がん、子宮がんなどです。言うまでもなく、胃と大腸は、食べものが入ってくる器官です。したがって、食べものの中に発がん物質がふくまれていれば、その影響を直接受けることになります。

肺は、呼吸する器官で、空気を常に吸い込んでいます。したがって、吸い込んだ空気に発がん物質がふくまれていれば、肺の細胞はその影響を受けることになります。

肺がんの最大の原因はタバコだといわれています。これは、どんな研究者や医者もだいたい認めていることで、ほぼ間違いないようです。煙にふくまれる様々な発がん物質が、肺の細胞をがん化させるというわけです。

さらに、空気中にふくまれるほかの発がん物質も、肺がんを引き起こすと考えられます。たと

図2　各年代別の主要死因の割合(2001年)

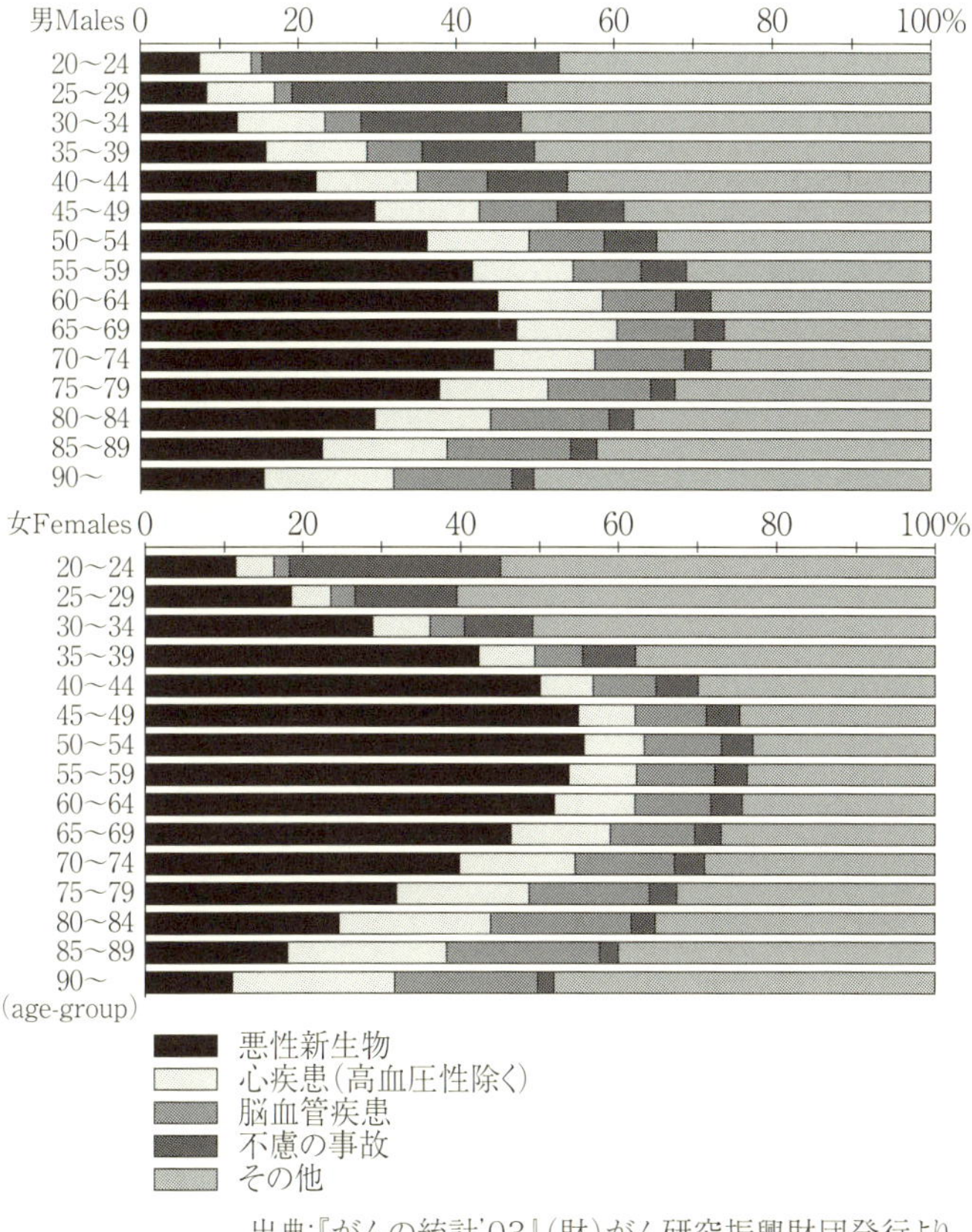

出典:『がんの統計'03』(財)がん研究振興財団発行より

えば、ディーゼル車の排気ガス中にふくまれる炭素微粒子が、肺がんの原因になることは広く知られています。そのため、政府や東京都、千葉県、神奈川県、埼玉県は、ディーゼル車の排気ガスを規制しています。

さらに室内で殺虫用品から放出された発がん物質も、肺がんの原因になると考えられます。くん煙剤から放出されるペルメトリンも、その一つと考えられます。この場合、家庭内にいる時間の多い主婦や乳幼児がとくに影響を受けるでしょう。

がんは「狂気の沙汰」

がんは、よく考えるとひじょうに不可思議な病気です。がん細胞という自己の細胞が、自己(肉体)を滅ぼし、それによってがん細胞も滅びてしまうからです。つまり、体の正常な細胞ががん細胞に変化し、それが増殖し、さらにいろんな臓器に転移して増殖し、臓器の機能不全を起こします。その結果、その人間は死んでしまうことになりますが、と同時にがん細胞自らも死滅することになります。これは、自己を存続させることが第一の命題である生命の原理に反しています。すなわち、まさしく狂気の沙汰としか思えないのです。

なぜ、からだを構成している細胞が、そんな凶暴な、いわば「狂った細胞」に変化してしまうのか？　そして、なぜ、がん細胞は、自らをも死滅させるようなことを、すなわち人間という個体を死に追いやるようなことをするのか？　不思議でなりません。どう見ても、生物の根本法則に反しているのです。

　がん細胞は、正常な細胞の遺伝子（DNA）が異常な状態になって起こるとされています。こうした異常は、私たちの細胞で毎日起こっているといわれています。しかし、遺伝子は、それを修復する機能をそなえていて、常に修復が行なわれ、がん細胞ができないような仕組みを持っています。

　しかし、遺伝子の修復が間に合わないほどに異常が多いと、正常な細胞が突然変異を起こしてがん細胞に変化してしまうのです。

修復が追いつかない？

　ただし、がん細胞ができてしまった場合でも、それを免疫細胞が破壊することによって、がん細胞が増殖しないようなしくみが備わっています。こうして、常に体はがん細胞ができないように、また、できてしまってもそれがふえないようにしているのです。

　ところが、こうした自己防衛システムを突破して、実際にはがんはできてしまっているのです。しかも、それがたまに起こるというのならまだしも、およそ日本人の半数に起こっているのですから、なんとも合点がいかないことなのです。

　がんが発生するということは、遺伝子の異常をいくら修復しても、修復が間に合わないということなのでしょう。また、がん細胞を免疫細胞がいくら破壊しても、それ以上にがん細胞ができてしまうということなのでしょう。つまり、毎日毎日、正常な細胞を狂わせてしまう要因が次々に降りかかってきているということなのです。

家庭から発がん性物質を減らそう

私たちの環境中には、おびただしい数の有害化学物質が漂っています。自動車から排出される窒素酸化物、硫黄酸化物、炭化水素、炭素微粒子、一酸化炭素など。工場からも様々な有害化学物質が排出されています。それらの中には、ベンゼンやベンツピレン、ニトロピレンなどの発がん性物質もふくまれています。

当然、私たちはそれらを微量とはいえ、毎日空気と共に吸い込みながら生活しているのです。これだけでも、細胞や遺伝子にとってはかなりの負担になっているでしょう。

さらに、家庭内で何気なく使っている製品からも、ペルメトリンのような発がん性物質が空気中に放出されているわけです。こうした多くの有害化学物質に体はさらされているのですから、たまったものではないでしょう。その結果、がんが次々に発生するということになるのかもしれません。

したがって、できるだけ家庭内では発がん性のあるような有害化学物質は発生させないことが必要と考えられます。ペルメトリンを含むくん煙剤は使うのを止めるようにして下さい。

また、フェノトリンを含む製品も、使うのを止めた方がよいでしょう。フェノトリンは、前にも書いたようにペルメトリンと化学構造がよく似ているからです。今のところ発がん性があるというデータはないようですが、今後、発がん性が見つかるかもしれません。

ゴキブリが出ないようにするには？

部屋の中にゴキブリが出没するのは、何らかのえさがあるからです。したがって、えさになりそうなものをできるだけなくすようにしましょう。

生ごみは、フタのあるポリバケツやゴキブリが入ってこれないような袋に入れるようにしましょう。庭のある家庭では、コンポストを置いて、そこに生ごみを入れるようにすれば、部屋のなかに生ごみを置かなくてすみます。

私の家では、ゴキブリが入れないゴミ袋に生ごみを捨てたり、あるいは庭に穴を掘って生ごみを捨て、土をかけるようにしています。土の中で生ごみは微生物によって分解され、栄養豊かな土になります。それを庭木の根元にスコップで振りかけています。

こうすることで、夏場でもほとんどゴキブリはでてきません。たまーに、一匹くらいチョロチョロ出てくることがありますが、そのときは新聞紙で叩き潰しています。これはみなさんの家庭でも十分できるのではないでしょうか。

次にノミですが、今はノミが発生するというケースは少ないのではないでしょうか？　我が家では、ここ数年来、家の中でノミが発生したことはありません。ふつうに掃除をしたり、部屋の中を片付けて、窓をできるだけ開けて風通しをよくしておけば、ノミが発生することはほとんどないと思います。

ダニとは共生を

残るはダニですが、ダニの発生を防ぐことは困難です。ダニは、布団やシーツ、カーペットなどいたるところに生息しているからです。目にはなかなか見えませんが、たいていの家にはダニが無数生息して、私たちはその死骸やフンなどに触れていますし、吸い込んでもいます。

床やカーペット、布団などに掃除機をかければ、ある程度ダニを吸い取ることはできますが、完全に吸い取ることは不可能です。したがって、ダニとは共生していくしかないのです。ただし、これは十分可能なのです。もともと長い歴史の中で、人間とダニは共生してきたのですから。

ダニは人間を刺すと思われていますが、それはごく一部のダニです。家の中で生息しているのは、ほとんどがチリダニで、これらは人を刺すことはありません。ただし、アレルギーの人にとっては、死骸やフンがアレルゲンとなることがあります。

ダニの中で、人を刺すのはツメダニで、家の中ではそれほど多くはありません。ツメダニのなかでも特に問題なのはミナミツメダニで、八～九月にふえて、人を刺し、発疹の原因となります。でも、一般家庭では発生することは少ないのです。したがって、それほど心配する必要はありません。

5章

「ゴキジェットプロ」を使わない方法

毛嫌いされるゴキブリ

台所や居間などにゴキブリが出没した際、ゴキブリ退治スプレーを使う家庭は少なくないと思います。しかし、噴射されて、霧状に広がった殺虫成分をどうしても吸い込むことになるので、使わないことをお勧めします。

それにしても、どうしてゴキブリは、あのように忌み嫌われるのでしょう？　家の中でゴキブリがちょっとでも姿を見せようものなら、たいへんな騒ぎになります。たいていの女性は、大声を上げてゴキブリを追い回すか、逆に逃げてしまうか、まあ、どちらかです。子どもたちはというと、やはり大騒ぎになって、とくに女の子はたいてい逃げ回って、「早くお父さん、殺してよ」

などと叫びます。おそらくどこの家庭でもこんな状態でしょう。

ゴキブリだって、いちおう生き物です。なにも全人類から嫌われたくて生まれてきたわけでもないと思いますが、あの黒光りする背中や長くのびたヒゲ（触覚）がいけないのか、ごそごそ動き回るのがいけないのか、はたまた病原菌をまきちらすと思われているのか、とにかく嫌われています。そこで、ゴキブリ退治スプレーの出番ということになります。

いと恐ろしげな注意表示

ゴキブリ退治スプレーの代表格は、アース製薬の「ゴキジェットプロ」で、どこのドラッグストアや薬局でも売られています。「秒速ノックダウン」「はいずり回って逃げる余裕を与えない！」などと速効性を強調しています。

しかし、「噴射気体を吸入しないでください」「万一身体に異常が起きた場合は、直ちに本品がピレスロイド系の殺虫剤であることを医師に告げて、診療を受けてください」「アレルギー症状やかぶれなどを起こしやすい体質の人は、薬剤に触れたり、吸い込んだりしないようにしてください」と、いと恐ろしげな注意表示がたくさんあります。

そもそもあんな頑丈そうで、生命力の強そうなゴキブリ（人類は滅んでもゴキブリは生き残るともいわれています）を瞬時に殺してしまうのですから、そうとう毒性の強い化学物質を使っているはずで、それを人間が吸い込んで何も害がないはずがありません。

もし、害が発生すると、メーカーの責任が問われることになりますから、こうして注意を喚起することで、害が発生することを防いでいるのでしょう。また、実際に害が発生した場合でも、「注意をきちんと行なっている」と言い訳ができるようにしているのでしょう。

殺虫成分がもたらす症状

「ゴキジェットプロ」に配合されている殺虫成分は、ピレスロイド系殺虫剤の「イミプロトリン」です。これは、住友化学工業が新しく開発した殺虫成分で、ゴキブリに噴射すると、すぐさまノックダウンさせるという特徴があるといいます。それで、速効性を強調しているのです。

ピレスロイドについては、4章で説明しましたが、除虫菊の殺虫成分であるピレトリンに似せて人工的に合成した化学物質です。ピレトリンと同様に殺虫効果があり、ピレスロイド系殺虫剤といわれています。

ピレスロイド系殺虫剤は、哺乳類に対する毒性が弱いとされており、そのため、家庭用の殺虫剤として使われています。しかし、実際には人間にもかなり悪影響をもたらすのです。

ピレスロイド系殺虫剤を人間が大量に吸い込んだ場合、悪心《おしん》（気分が悪くなること）、嘔吐、下痢、頭痛、耳鳴り、激しい眠気などがみられます。そして、重症になると、呼吸障害やふるえなどを起こします。また、気管支ゼンソクや鼻炎、結膜炎などを起こすこともあります。

いずれも、気管支や消化器などの粘膜、さらに神経などに作用し、その結果として、これらの症状が現われると考えられます。

ワモンゴキブリには効かない

「ゴキジョットプロ」に含まれる殺虫成分のイミプロトリンは、ゴキブリ駆除用に開発されたピレスロイドです。

以前からもゴキブリ退治用の殺虫成分はありましたが、それらは、ゴキブリに噴射してもすぐにノックダウンさせて動けなくすることができませんでした。そのため、冷蔵庫やタンスなどの物陰に隠れてしまうことが多かったのです。そうした欠点をなくすために開発されたのが、イミプロトリンなのです。

ところで、ゴキブリにもいろいろ種類があります。大きくて羽が黒光りのするクロゴキブリ、やや体が小さめのチャバネゴキブリ、国内最大で羽に紋のあるワモンゴキブリなど。

住友化学工業では、チャバネゴキブリに対してイミプロトリンを噴射する実験を行ないました。すると、従来の殺虫剤に比べて即効性がひじょうに優れていたといいます。

さらに、チャバネゴキブリとクロゴキブリに対して、噴射後の四二秒間のノックダウン率を調べたところ、約八五％でした。つまり、噴射して四二秒間で八五％のゴキブリが倒れて動けなくなったということです。

ただし、これはすぐにノックダウンしたものもいれば、三〇秒以上そうでなかったものもいたわけで、その間に冷蔵庫などの陰に隠れることのできるゴキブリもいたということです。

また、ワモンゴキブリにはほとんど速効性はないようです。噴射した際の四二秒間のノックダウン率は、約三〇％だったからです。つまり、その間に約七〇％が物陰などに隠れてしまう可能性があるのです。

これで「秒速ノックダウン」というキャッチコピーが適当といえるのか、はなはだ疑問を感じます。

「ゴキジェットプロ」の毒性

「ゴキジェットプロ」でもっとも問題なのは、その毒性です。住友化学工業では、ラットなどを使ってイミプロトリンの毒性を調べていて、その結果が、『住友化学一九九八-Ⅰ』という雑誌に載っています。それを読むと、かなり怖い化学物質であることがわかります。一部を引用してみましょう。

「ラット一、三、六カ月間混餌投与試験では、肝臓、脾臓および血管系への影響、唾液腺／顎下腺への影響と体重増加抑制が認められた」
「イヌの慢性毒性試験では主に肝臓への影響が認められた」
「器官形成期投与試験を、ラットおよびウサギの二種の動物で実施した。両動物において、母獣に毒性が認められない投与量では胎児に影響はなかったが、母獣で毒性が認められる高投与量でのみ胎児の骨格異変が認められた」

これらの動物実験の結果から、肝臓や脾臓、血管系などへの影響が現われる可能性があります。とくに肝臓への影響が現われやすいようです。

また、最後の実験結果から、胎児への影響が心配されます。これは、妊娠したラットとウサギに対して、イミプロトリンを投与したところ、母ラットや母ウサギに毒性が認められた量では、胎児に骨格異常が認められたということです。どんな骨格異常なのか詳しく書かれていませんが、これは催奇形性の疑いがあるということです。

「ゴキブリフマキラーダブルジェット」の殺虫成分

イミプロトリンを使っているのは、「ゴキジェットプロ」だけではありません。アース製薬と並ぶ殺虫剤メーカーであるフマキラーの「ゴキブリフマキラーダブルジェット」にもイミプロトリンと、さらにフェノトリンが使われています。

フェノトリンも住友化学工業が開発したピレスロイド系殺虫剤の一つです。4章で取り上げた

「バルサン」や「アースレッド」のほか、「コックローチS」「ダニアースレッドa」など多くの製品に使われているほか、動物用医薬品としても使われています。

フェノトリンは、環境ホルモン（内分泌攪乱化学物質）の疑いが持たれています。というのも、前述のように、フェノトリンをかけられたハイチ難民の男性に乳房がふくらむという現象が見られたからです。フェノトリンが環境ホルモンとして作用し、男性ホルモンの働きを妨害したと考えられています。

「ゴキブリフマキラーダブルジェット」の場合、フェノトリンとイミプロトリンが同時に噴射されるので、霧状に広がったものを吸い込んだ場合、二つの殺虫成分を一緒に吸い込むことになります。

人間に対する影響は分からない

私は、『週刊金曜日』二〇〇六年五月一九日号の「新・買ってはいけない」でこの製品を取り上げましたが、その際、フマキラーの営業企画部では、安全性について、次のように文書で回答してきました。

「人に対する臨床試験は殺虫剤では認められておりません。よって、人を使っての試験を実施できないのが実状です。リスク評価としては、ラット等の動物を用いた毒性試験を実施しており、問題となるような結果は出ておりません。また、今までにアレルギー患者さんからの被害報告

（お客様相談室へのクレーム）も挙がっておりません。ただ、一般論としてアレルギー患者は、健常者に比べ化学物質に対する感受性が強いと言われていることから『アレルギー症状やカブレなどを起こしやすい体質の人は薬剤に触れないようにすること。』という注意事項を付しています」。

つまり、人間に対する影響は正確にはわからないということです。これは、人体実験ができない以上、し方のないことなのかもしれません。

しかし、前述のようにイミプロトリンはラットやイヌ、ウサギに毒性を示すことが分かっていますし、フェノトリンも環境ホルモンの疑いが持たれています。こうした化学物質を家庭内で安易に使うのは止めた方がよいと思います。

噴射剤の危険性

「ゴキジェトプロ」と「ゴキブリフマキラーダブルジェット」は、さらに噴射剤の安全性も問われます。

これらの製品は、動き回るゴキブリに対して、殺虫剤を勢いよく吹き付けなければなりません。そのため、噴射剤のＤＭＥ（ヂメチルエーテル）とＬＰガス（液化石油ガス）、およびイミプロトリンなどを溶かす溶剤としてケロシン（灯油の成分）がふくまれているのです。

以前は、こうした殺虫剤スプレーにはフロンガスが使われていました。フロンガスは高温でも安定していて、爆発するという心配がありません。ところが、ご承知のように空気中に噴射されたフロンガスが、大気中のオゾン層を破壊することが分かり、使用が禁止されました。
そこで、使われるようになったのが、ＤＭＥとＬＰガスです。しかし、これらは高温になると爆発する危険性があるのです。

化学物質に敏感な人は要注意

「ゴキジェットプロ」のボトルには、「火気と高温に注意」とあり、次のように書かれています。「高圧ガスを使用した可燃性の製品であり、危険なため、下記の注意を守ること。一・炎や火気の近くで使用しないこと。二・火気を使用している室内で大量に使用しないこと。三・高温にすると破裂の危険性があるため、直射日光の当たる所やストーブ、ファンヒーターの近くなど温度が四〇度以上となる所に置かないこと。四・火の中にいれないこと。五・使い切って捨てること」

四〇度以上というのは、それほど高い温度ではありません。直射日光の当たる車の中は簡単に四〇度を越えてしまいますし、ストーブの近くも同様です。そのため、車内に置かれたスプレー缶が爆発する事故が時々発生しています。したがって、こうした危険性のあるものはできるだけ使わないのほうが賢明です。

さらに、溶剤として使われているケロシンが引き起こす問題もあります。灯油は成分的にはほぼケロシンですが、臭いに敏感な人の場合、灯油の臭いをかぐと気分が悪くなることがあります。

フマキラーのお客様相談室に聞いたところ、『『ゴキブリフマキラーダブルジェット』にはケロシンが入っているので、化学物質に敏感な人は使わないほうがいいです」という答えが返ってきました。

メーカーの人がそう言っているのですから、敏感な人は使うのは止めた方がよいでしょう。

ホウ酸だんごでゴキブリを全滅

「ゴキジェットプロ」や「ゴキブリフマキラーダブルジェット」などの危険な製品を使わなくても、ゴキブリを容易に、しかも安全に退治する方法があるのです。それは、ホウ酸だんごを作って、ゴキブリが出てきそうなところに置くことです。

ホウ酸団子は、すりおろした玉ねぎ、小麦粉、砂糖などにホウ酸を混ぜて、だんご状にしたものです。私の家の近くにある喫茶店では、数年前は店のカウンター内や床などにゴキブリがうじゃうじゃいたそうですが、ホウ酸だんごで完璧に退治できたといいます。

「最初はゴキブリ退治スプレーなどを使っていたんです。しかし、全然減らなくて困っていたんですが、ある雑誌にホウ酸だんごのことが載っていて、試しに作ってみて、アルミホイルで七〜八割包んで置いてみたんです。冷蔵庫の下やコンセント近くなどゴキブリが出てくる所に。そうしたら一週間でゴキブリの姿が見えなくなり、それからまったくいなくなったんです」と、その店のオーナーは、驚きの効果を語ってくれました。この際作ったホウ酸だんごは、小麦粉の代わりにゆでたじゃがいもを使ったといいます。

ホウ酸だんごの作り方

ホウ酸は弱い酸で、目の洗浄剤として使われています。ただし、殺菌力はそれほど強くありません。ホウ酸だんごの作り方はいろいろありますが、次のような作り方が一般的です。。

まず、ホウ酸二〇〇gを用意します。目の洗浄に使った残りがあったら、それを使って下さい。ない場合は、薬局で買い求めて下さい。次に以下のものを用意します。

・小麦粉カップ半分
・タマネギ一個（ゴキブリが好む）
・牛乳大さじ一杯
・砂糖大さじ一杯

材料がそろったら、まずタマネギをみじん切りにして、水を加えつつ他の材料とよく混ぜ合わせます。そしてホウ酸を加えます。水の量を加減して耳たぶくらいの固さにして下さい。この時、味見は絶対しないで下さい。ホウ酸が口から入ると、中毒を起こすからです。

次にこれを弁当のアルミ皿か、またはビンの王冠などに詰めます。あるいはアルミホイルで包みます。これは、置くのに便利であるとともに、幼児やペットなどが間違って食べてしまわないようにするためです。

このままですと、カビが生えてしまいますので、日光に当てて乾かします。この時も、くれぐれもペットやお子さんが食べないように十分注意して下さい。間違って食べると、嘔吐や下痢などの中毒を起こします。

絶対食べてはいけません！

次に、こうしてできあがったホウ酸だんごをゴキブリの出没しそうな所、すなわち冷蔵庫の下やシンクの下などに置きます。この時も、ペットやお子さんが間違って食べないように注意して下さい。

ゴキブリは、ホウ酸を食べると脱水症状を起こして、水を求めて外に出て行き、そこでたいてい絶命します。あるいは、巣に戻ったゴキブリのフンを別のゴキブリが食べて、やはり脱水症状で死んでしまうことも期待できます。

なお、薬局やドラッグストアなどでは、ホウ酸だんごの製品が売られています。もし、自分で作るのが面倒《めんどう》だという人は、それを利用してもよいでしょう。これはプラスチックの容器に入っているので、ペットやお子さんが間違って食べてしまうということはまずないと思います。

6章

蚊取り線香は必要か？

蚊取り線香の成分は化学物質

「夏といえば、蚊取り線香」というくらい、日本の家庭に定着している蚊取り線香。緑色をしているので、除虫菊から作られていると思っている人もいるかもしれませんが、それは間違いです。それは昔のことで、今は化学物質から作られているのです。

4章で、ピレスロイド系殺虫剤について説明しましたが、蚊取り線香に使われているのも、これなのです。製品によって多少違いますが、だいたい「アレスリン」というピレスロイドが使われています。

アレスリンは、一九四九年にアメリカの科学者によって化学合成されたもので、ピレスロイドでは最初の殺虫剤です。その後、日本で新しい工業的製法が開発されて、住友化学工業が「ピナミン」という商品名で売り出しました。こうした技術を活かして、同社は次々にピレスロイド系殺虫剤を開発しているようです。

アレスリンは、熱安定性がよい、つまり高温では分解されず、低沸点のため蒸気になりやすいという特徴があります。しかも、蒸気になると、きわめてすみやかに殺虫効果を発揮します。したがって、蚊取り線香の成分としてはうってつけなのです。

現在、市販されている蚊取り線香は、濃い緑色をしていますが、除虫菊で作った蚊取り線香は、茶色っぽい色をしています（除虫菊から作られた蚊取り線香は、生協などで売られています）。濃い緑は染料の色で、ほかにデンプンや線香の原料、そしてアレスリンを加えて蚊取り線香が作られています。

蚊取り線香で窒息しそうに！

私には、蚊取り線香にまつわる苦い思い出があります。高校生のときでした。その頃は蚊取り線香は除虫菊から作られていると思っていたので、自然のものだし、昔から使われているので、「それほど害はないだろう」と勝手に思い込み、夏になると使っていました。

ある朝のこと、ドアが開く音がして目を覚ましました。母親が、「だいじょうぶかい？　窒息しちゃうよ」と言って、急いで窓を開け放ちました。部屋には蚊取り線香の煙が充満して、のどがヒリヒリと痛く、咳が出て、鼻がむずがゆく、目やにがたまっていました。また、頭がもうろうとしていました。

蚊取り線香の煙が粘膜を刺激していたのです。もう少し長く煙にさらされていたら、さらに深刻な症状に陥っていたかもしれません。それ以来、私は蚊取り線香を使うのを止めました。あとになって、蚊取り線香には除虫菊ではなく、アレスリンが使われていて、それが毒性を持つ化学物質であることを知ったのです。

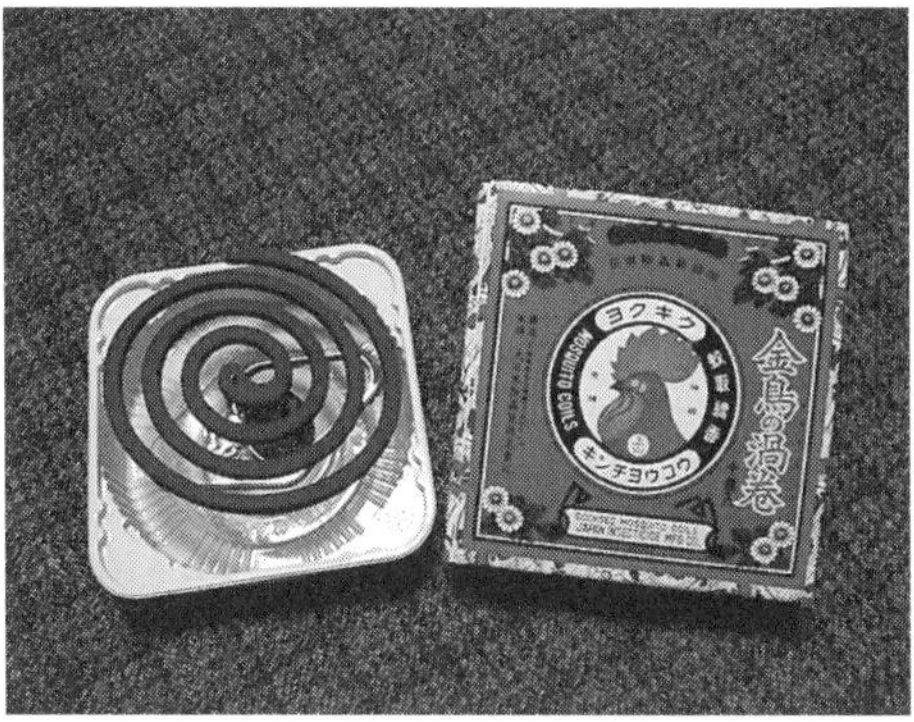

アレスリンの毒性

アレスリンは、ピレトリンととてもよく似た化学構造をしています。蚊取り線香のほか、ハエや蚊、ゴキブリ退治用の家庭用殺虫剤にも使われています。また、シロアリ駆除剤、アブラムシ駆除のための農薬としても使われています。

蚊やハエなどの昆虫に対しては、神経毒として作用して殺します。人間が多量に吸い込むと、5章で述べたようなピレスロイド中毒症状を起こします。ピレトリンに似ているということで、家庭内で当たり前のように使われていますが、そんなに安全なものとはいえないのです。

アレスリンをネズミに体重一kg当たり約〇・五g食べさせると、その半数が死んでしまいます。単純に体重が五〇kgの大人に換算すると、二五gで半数が死亡するということになります。

また、アレスリンをネズミに長期間あたえた実験では、肝臓や赤血球、白血球に悪影響が見られました。さらに、変異原性があるとされています。これは、細胞の遺伝子を突然変異させたり、染色体を切断するという毒性で、発がん性と関係があります。

蚊取り線香を焚いた時の影響は？

蚊取り線香を焚いた場合、アレスリンの濃度はどの程度になるのでしょうか？ それを調べたデータが、東京都生活文化局消費者部から一九九二年に発行された『家庭用殺虫剤等の安全性に関する報告書』に載っています。

それによると、アレスリンを使用した蚊取り製品を三時間焚き続けた場合、空気一立方メートル中に平均で三五マイクログラム（μg）前後のアレスリンが検出されるといいます。

空気一立方メートル中にアレスリンを一七万八〇〇〇マイクログラム蒸散させて、マウス（ハツカネズミ）のメスに吸わせると、その半数が死亡します。オスの場合は、同様に二九万五〇〇〇マイクログラムで半数が死亡します。

また、ラット（実験用白ネズミ）のオスとメスに、空気一立方メートル中三万五〇〇〇マイクログラムの割合で、二週間連続吸入させた実験では、体重、血液、器官重量、各組織に異常は見られませんでした（『殺虫剤指針解説』編集発行・日本薬業新聞社）。

実際に蚊取り線香を焚いた場合、アレスリンは空気一立方メートル中に三五マイクログラム前後ということで、ラットの場合、空気一立方メートル中に三万五〇〇〇マイクログラムで悪影響は見られなかったと言うことですから、「人間に害が現われることは、まずないんじゃないか？」と思う人も多いかもしれません。しかし、やはりネズミと人間では、化学物質に対する感受性が違いますし、人間でも個人差が大きいという面があります。

また、ネズミの実験では、人間が感じる微妙な影響はなかなか分かりません。化学物質過敏症もその一つと言えます。すなわち、動物に対してはまったく影響せず、さらに大多数の人には影響しない微量な量でも、一部の人にとっては、頭痛や目の痛み、胸痛、気分の落ち込みなどといった症状が現われる可能性があるのです。したがって、やはり安易な使用は止めたほうがよいと思います。

長期タイプの蚊取り製品の成分

最近では、蚊取り線香以外に、「水性キンチョウリキッド」「蚊に効くカトリス」（金鳥）、「アースノーマット」（アース製薬）、「どこでもベープ蚊取り」（フマキラー）など、長期間効果を発揮するタイプの蚊取り製品が売られています。

これらに使われている殺虫成分は、メトフルトリン、トランスフルトリン、プラレトリンなどで、いずれもピレスロイド系の殺虫剤です。したがって、大量に吸い込んだ場合、5章で説明したような症状が現われることがあります。

これらの中でもっともよく使われているのは、メトフルトリンで、これも住友化学工業が開発したものです。アレスリンなど従来の蚊取り線香や電気蚊取りに使われているピレスロイドは、高温にして蒸散させる必要があるため、部屋の中など使用範囲が限られていました。

ところが、メトフルトリンは加熱しなくても、常温で揮発する性質があるため、野外など利用範囲が広がり、また、殺虫力も従来のものより強いといいます。

しかし、空気中にメトフルトリンを揮発させてラットに吸わせる実験を行なったところ、ふるえや過敏状態、歩行異常、ケイレンなどが観察されたといいます。どうやら、神経に影響して、こうした症状を引き起こしたようです。やはり、使用は止めたほうがよさそうです。

蚊の襲撃を防ぐには

では、厄介な蚊にどう対処すればいいのでしょうか?

毎年夏になると、蚊はどこからともなくやってきて、人間を刺します。。最近では、暖房設備が整って一年中部屋が暖かいせいか、秋や冬にも蚊が出てきて、部屋の中をプーン、プーン飛び回っています。こうした蚊をどう退治すればいいのでしょうか?

まず最も重要なのは、蚊を発生させないようにすることです。蚊は、水たまりや水が入ったかめ、あるいは排水溝などに卵を産み付けて、そこでボウフラになって成虫に生育します。したがって、ボウフラが成長できる場所をなくすことができれば、蚊の発生は防げるわけです。

水の入った不要なかめなどは処分し、また排水溝にはふたをして、蚊が入り込めないようにすることが大切でしょう。

蚊が家の中に侵入することは、網戸をつけることで防ぐことができます。「網戸をつけてるけど、部屋のなかに蚊がいる」という人もいるでしょう。どうやら網戸を開け閉めするときに、蚊が入ってきてしまうようです。網戸の開け閉めは、蚊に入ってこられないように素早く行ないましょう。

電撃ラケットで蚊を退治

それでも蚊が部屋の中に入ってきて、プーン、プーンしたらどうするのか？　私の場合、手でパチンと潰すようにしていますが、時々は刺されます。それでも、仕方ないと思っています。以前、コガタアカイエカは日本脳炎ウイルスを人に感染させる心配がありましたが、今は日本脳炎ウイルス自体が減少し、その心配はほとんどなくなりました。したがって、刺されても、多少かゆくなるくらいで、それほどたいした問題はないと考えています。

しかし、中には「蚊に刺されるのなんて、絶対に嫌だ！」という人もいるでしょう。また、蚊に刺されると、全身に発疹が広がってしまうアレルギー体質の人もいるようです。そんな人は、

「電撃ラケット」を使って、蚊を退治してみてはどうでしょうか？

これは、バトミントンのラケットを一回りくらい小さくしたもので、乾電池二本によってラケットに静電気を発生させて、蚊を退治するというものです。インターネット通販で、一つ五〇〇円程度で購入できます。

飛んでいる蚊を見つけたら、ラケットを蚊に当てると、焦げたような状態になって死んでしまいます。蚊を手で潰すのはなかなか大変ですが（最近の蚊は進化していて、飛ぶのが早く、しかも、ちょっとでも人の気配を感じると、すぐに方向を変えて飛び去ってしまいます）、ラケットなら捕えられると思います。
なお、静電気が発生するのは、蚊を捕える一瞬だけなので、人体への影響はほとんどないと考えられます。ただし、ペースメーカーを埋め込んでいる方は、お医者さんに相談したほうがよいかもしれません。

7章

「パラゾール」を使わなくてもすむ方法

怖そうな化学構造

冬になって電車に乗っていると、時々プーンと防虫剤の臭いが漂ってきます。鼻の奥を刺激するような独特の臭いです。それで、「この人は、コートをタンスから出して着たんだな」ということがわかります。

こうした臭いは、たいてい防虫剤のパラジクロロベンゼンによるものです。白元から「パラゾール」という商品名で発売されているものです。

パラジクロロベンゼンは、強い臭いがあり、それで虫を寄せ付けないようにすることができます。ただし、衣類に刺激臭が残るという欠点があります。また、少しずつ塩素ガスが発生するため、金属を腐食させてしまいます。そのため、金や銀の糸やラメの入った衣類には不向きなのです。

パラジクロロベンゼンは、その名前からわかるように塩素（クロロ）を二個（ジ）持っています。つまり、ベンゼンに塩素が二個結合したものなのです。

私などは、その化学構造を見ただけでとても使う気にはなれません。なぜなら、人間に白血病を引き起こすベンゼンに、気体は猛毒の塩素が結合したということで、相当な毒性がありそうだからです。

化学構造だけを見ると、パラジクロロベンゼンは、ベンゼンよりもむしろ怖い気がします。こうした化学物質が、なんのためらいもなく家庭内で使われていることが不思議でなりません。

発がん性が認められた

実は、パラジクロロベンゼンには発がん性のあることがわかっています。アメリカで行なわれた実験で、ラットに体重一kgあたり一五〇〜三〇〇mgのパラジクロロベンゼンを二年間経口投与したところ、腎臓にがんができたのです。

イタリアの実験では、妊娠ラットに同様に二五〇〜一〇〇〇mgを経口投与したところ、高濃度投与群で胎児の肋骨数に異常が見られました（前出の『農薬毒性の事典・改訂版』より）。

また、パラジクロロベンゼンは、シックハウス症候群の原因となります。主な症状は、頭痛、めまい、興奮、全身倦怠感、目や鼻やのどの刺激などです。さらに、皮膚が熱くなることもあります。場合によっては、腎炎や白内障を起こすこともあります。このようにパラジクロロベンゼンにはさまざまな毒性があるのです。

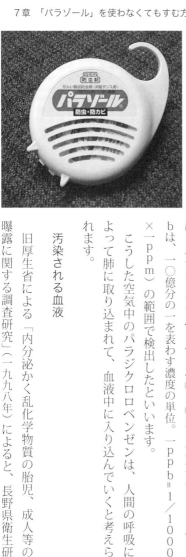

「パラゾール」を家庭内で使っていると、室内の空気が汚染されることになります。蒸散したパラジクロロベンゼンが、空気中に拡散するからです。実験では、一四〇gの芳香剤をトイレに一個吊るしたところ、その日のトイレ内のパラジクロロベンゼンの濃度は一・九五五ppmあったといいます。また、東京都立衛生研究所（現・東京都健康安全研究センター）の室内汚染調査では、パラジクロロベンゼンを〇・〇三〜一五一七ppb（ppbは、一〇億分の一を表わす濃度の単位。一ppb＝1／1000×一ppm）の範囲で検出したといいます。

こうした空気中のパラジクロロベンゼンは、人間の呼吸によって肺に取り込まれて、血液中に入り込んでいくと考えられます。

汚染される血液

旧厚生省による「内分泌かく乱化学物質の胎児、成人等の曝露に関する調査研究」（一九九八年）によると、長野県衛生研究所ならびに家族から得られた成人血液六〇サンプルを調べたところ、パラジクロロベンゼンの濃度は〇・四～二一一ppbで、平均が一四・九ppbであったといいます。濃度にバラつきがありますが、防虫剤の使用状況の違いによるものでしょう。

また、長野市内で出産した一六人の妊婦を調べたところ、パラジクロロベンゼンの濃度は妊婦血液でND（検出限界以下）～二・七九ppb、母乳でND～九・四ppb、さい帯血でND～二・〇ppbでした。

ここで気になるのは、一般成人よりも妊婦の方が、パラジクロロベンゼンの濃度が低いことです。報告では、「調査数が少ないためパラジクを使用していない被験者のみとなったのか、出産に伴い、血液中での組成に何かの変化があったのかは、はっきりしなかった」とあります。

しかし、これは母親の血液中のパラジクロロベンゼンが、胎児に移行して少なくなった可能性を示唆しています。母親の体内にたまった化学物質が、胎児に流れこむことは知られており、たとえば、胎児性水俣病は、母親の体内の有機水銀が胎児に移行して発生したと考えられています。また、カネミ油症の場合も、母親の体内のPCBなどが胎児に移行して、皮膚の黒い赤ちゃんが生まれたことが分かっています。

したがって、母親の血液中のパラジクロロベンゼンが、胎児に移行することは否定できないと考えられます。また、母乳に含まれるパラジクロロベンゼンは、確実に乳児の体を汚染することになります。それらが子どもたちにどんな影響をもたらすのかが心配されます。こうした不安を払拭するためには、パラジクロロベンゼンを使わないようにするしかないのです。

燃やすとダイオキシンが発生

さらに、パラジクロロベンゼンは、もう一つ大きな問題を抱えています。それは、燃焼させた際にダイオキシンが発生する可能性が高いことです。というのも、ダイオキシンの原料ともいえるような物質だからです。ダイオキシンについては、おおよそのことはご存知だと思います。ひじょうに毒性の強い化学物質で、発がん性や催奇形性があり、環境ホルモン（内分泌攪乱化学物質）としても作用するといわれています。

ダイオキシンの毒性がクローズアップされたのは、一九七〇年代のベトナム戦争の際に、ジャングルに潜む敵兵の隠れ場所をなくそうと、アメリカ軍が除草剤（枯れ葉剤）を空中散布し、それを浴びたベトナム住民の間で、その後、無脳症や二重体児などの先天性障害が多数発生したからです。その原因が、除草剤に不純物としてふくまれていたダイオキシンではないか、と疑われたのです。

日本では、一九九〇年代後半に、埼玉県・所沢市周辺の産業廃棄物処理場で焼却されるゴミの排煙中にダイオキシンがふくまれていて、それが住民の健康被害を引き起こしているということが問題になりました。

その後、全国のゴミ焼却場で、ダイオキシンの発生を少なくする焼却炉が運転されるようになり、ダイオキシンの発生量は少なくなって、いまはダイオキシンが問題になることはあまりありません。しかし、ダイオキシンがひじょうに怖い化学物質であることに変わりはないのです。

今も家庭でゴミ焼却が

ダイオキシンは、図3のような化学構造をしています。すなわち、二つのベンゼン核（亀の甲）を二つの酸素（O）が手をつなぐように結びつけ、ベンゼン核の周りに塩素（Cl）が結合しているのです。ダイオキシンは、塩素の数と付く位置によって、全部で七五種類ありますが、図3のダイオキシンが最も毒性が強いものです。

一方、図4がパラジクロロベンゼンの化学構造です。つまり、燃焼によって、すなわち酸化によって、二つのパラジクロロベンゼンが酸素で結びつけられれば、「はい、ダイオキシンのでき上がり」というわけです。

ダイオキシンの生成過程はいろいろありますが、その一つに、ベンゼンに塩素が結合して塩化ベンゼンになって、それをもとにダイオキシンができていくことが分かっています。パラジクロロベンゼンは、塩化ベンゼンそのものなのです。したがって、それが三〇〇〜七〇〇度くらいで燃焼すれば、ダイオキシンが発生する可能性が高いのです。

現在は、ゴミ処分場の焼却炉は、一〇〇〇度以上の高温で、しかも連続運転されているので、ダイオキシンの発生は少なくなっています。しかし、農村地帯では、今でも家庭用の焼却炉でゴミを燃やしている家があります（ちなみに、私の近くの家では、庭の簡易型焼却炉でゴミをよく燃やしています）。

もし、家庭内でパラジクロロベンゼンが燃やされれば、おそらくダイオキシンが発生してしまうでしょう。したがって、そういうことを防止する意味でも、その使用は止めた方がよいのです。

ナフタリンは安全か？

昔から、パラジクロロベンゼンと並んで防虫剤としてよく使われているのが、ナフタリン（ナフタレン）です。ナフタリンは、以前は農薬として使われていましたが、一九七一年に登録が取り消され、使用することができなくなりました。しかし、家庭用の防虫剤としては今でも使われています。

ナフタリンの化学構造は、けっこう覚えやすいものです。なぜなら、ベンゼンが二個合わさった形だからです。それだけです。塩素などはくっ付いていません。

化学物質というものは、構造が少し違っただけで性質や毒性が変わってくるので、なんともいえない面がありますが、発がん性があるベンゼンが二個合わさっているわけですから、どうみても安全な化学物質とはいえないように思います。

図3　2･3･7･8−四塩化ダイオキシン

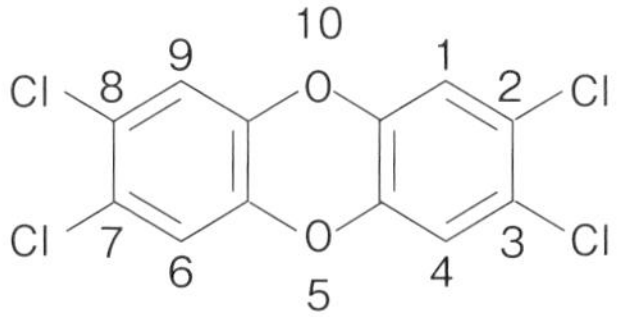

図4　パラジクロロベンゼン

ナフタリンが皮膚に接触すると、炎症や紅班などをおこすことがあります。皮膚の細胞が壊れたり、刺激を受けた結果としての反応と考えられます。

また、高濃度の暴露によって、血尿や眼球水晶体の白濁がみられたり、メトヘモグロビン血症がおこることがあります。

メトヘモグロビン血症とは、血液中のヘモグロビンが、異常な酸化によって、酸素を運搬する機能が低下し、頭痛、めまい、倦怠感、顔面蒼白、チアノーゼ（皮膚が青くなること）、尿の着色などをおこすものです。とくに新生児の場合、赤血球が崩壊して、ヘモグロビンが流れ出すことが置きやすいので、注意しなければなりません。ちなみに、頭痛、めまい、倦怠感などの症状は、シックハウス症候群の症状と似ています。

このほか、二〇〇一年一月、ＮＴＰ（アメリカ国家毒性評価計画）にもとづいて行なわれたラットに対するナフタリンの吸入実験では、発がん性が認められています（前出の『農薬毒性の事典・改訂版』より）。

こうしたデータを見る限り、ナフタリンも、家庭内で使うことは止めた方がよさそうです。

樟脳ならだいじょうぶか？

もう一つ、昔から使われている防虫剤に「樟脳《しょうのう》」があります。樟脳も、独特のプーンとくる臭いがあります。この臭いを虫が嫌うということなのでしょう。

樟脳は、クスノキの幹・根・葉を蒸留し、その液を冷却して精製することによって作られます。無色で半透明、光沢があります。

樟脳は天然物ということもあって、一般にはパラジクロロベンゼンやナフタリンに比べて安全性は高いと思われています。しかし、意外に急性毒性が強いのです。誤って食べると、成人では二g、小児では一gで死亡するとされています。

また、臭いを吸い込んだ場合、眼、皮膚、粘膜に刺激を感じ、さらに頭痛や嘔吐、吐き気、めまい、てんかん様けいれんをおこすことがあります（これも、シックハウス症候群の症状に似ています）。

したがって、樟脳もできるだけ使わないほうがよいということになります。とくに乳児のいる家庭では、誤って食べてしまう危険性があるので、使わないほうがよいでしょう。

防虫剤を使わない方法

では、大切な衣類を害虫から守るにはどうしたらよいのでしょうか？　衣類の中で被害を受けやすいのは、ウールの衣類です。セーターやカーデガン、ベスト、マフラーあるいはウールのコートやブレザー、ズボンなどが被害を受けやすいものです。

これらの衣類を食べて穴を開けてしまう害虫は、イガ（衣蛾）、コイガ、カツオブシムシなどです。イガは褐色《かっしょく》の小さな蛾で、幼虫は黄色い色をしており、体長は約６ミリ。イガは世界各地に生息しています。カツオブシムシは、体長七～八ミリメートルで黒い色をしており、金色の短毛が腹面に密生しています。毛皮や絹を食べます。

衣類がこれらの虫の被害を受けるのは、成虫が衣類に卵を産み付けて幼虫となり、それが毛や絹などをえさにして成長するからです。したがって、成虫の侵入を防ぐことができれば、被害にあうことはないのです。

我が家では、セーターやベストなどは大きめのポリエチレンの袋に入れて、袋の余った部分を何重にも折ることで、害虫の侵入を防ぐようにしています。大きめのポリエチレンの袋がない場合は、スーパーやホームセンターなどで売っているゴミ袋でもよいと思います。

こうすることで、まったく虫に食われずにすんでいます。袋を折るだけでは不安だという人は、ガムテープで完全に密封状態にすればよいと思います。あるいは、口の部分を密閉できるポリエチレン製の袋もあるので、それを使えばよいでしょう。

害虫の侵入を防ぐ！

それから、クリーニングに出したコートやスーツ、ズボンなどは、衣装ダンスにそのまま入れていますが、虫に食われたことはありません。おそらくタンスの素材が、虫を寄せ付けないのだと思います。

しかし、「それでは不安だ」という人もいるでしょう。そんな人は、セーターやベストと同様に、大きめのポリエチレンの袋に入れて、密封してしまえばよいでしょう。

中には、「袋に入れると、しわになるので嫌だ」という人もいるでしょう。それなら、ポリプロピレン製の角型の衣料ケースに入れて、夏の間閉まっておけばよいと思います。

蓋がピッチリ閉まるものであれば、害虫は入ってくることができません。箱の部分と蓋との間にすき間があって心配な場合は、ガムテープを貼って、すき間をなくすようにすればよいでしょう。とにかく、イガなどの害虫が入ってこられないようにすればよいのです。

8章

無臭防虫剤の危険性

「タンスにゴン」の登場

パラジクロロベンゼンやナフタリン、樟脳は強烈なにおいを発することで、虫を寄せ付けないようにして、衣類が被害にあうことを防ぎます。しかし、そのにおいが嫌いだと言う人は少なくありません。とりわけ衣類にそのにおいが染み込んで、それをプンプンさせながら着て歩くことをためらう人は多いようです。

そんな人のために開発されたのが、無臭防虫剤で、「亭主元気で留守がいい」という、主婦の心理を見事に表わしたテレビＣＭが話題となって、売り上げを伸ばしたのが金鳥（大日本除虫菊）の「タンスにゴン」です。そのＣＭが今でも頭にこびりついている人も多いのではないでしょうか。

その後、「ミセスロイド」（白元）や「ムシューダ」（エステー）などが次々に売り出されました。そして、今では「パラゾール」やナフタリンなどよりも、無臭防虫剤のほうが主流になっています。

成分は、蒸散性ピレスロイド

しかし、なぜにおわないのに虫をよせつけないのでしょうか？　その秘密は、使われている成分にあります。従来の防虫剤とはまったく違う化学物質が使われているのです。その名は、エムペントリン。

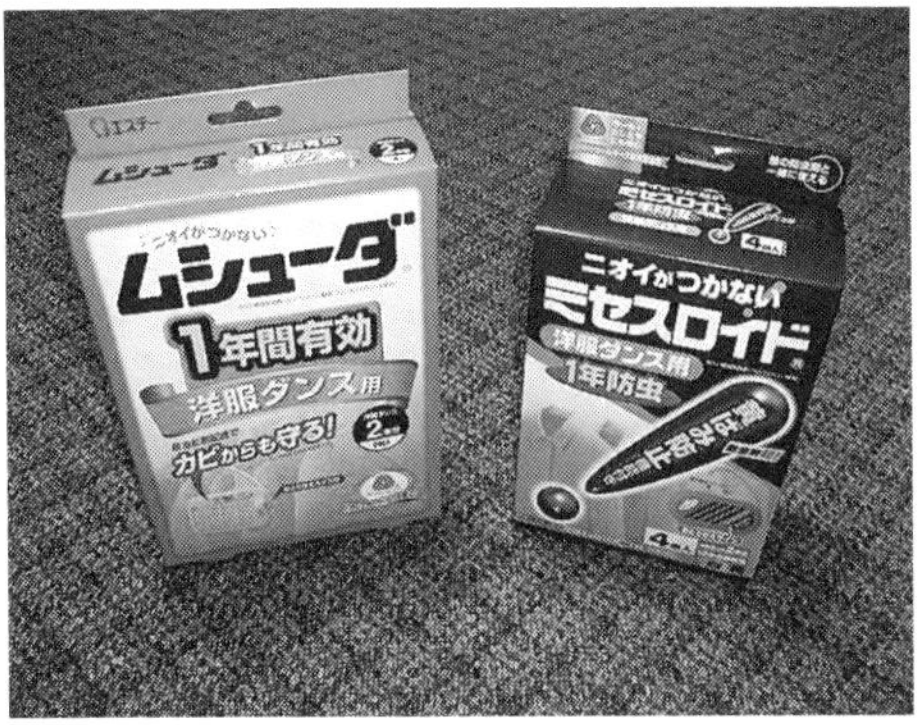

　エムペントリンは、ピレスロイド系殺虫剤の一種です。蒸散性ピレスロイドといって、常温でも蒸発する性質があります。したがって、タンスや衣料ケースに入れておくと、徐々に蒸散して空間に広がって、衣類に虫がつくのを防ぐのです。

　エムペントリンは、パラジクロロベンゼンやナフタリンとは違って、強力なにおいを発するものではないため、無臭防虫剤と銘打って販売されているのです。

　日本では、エムペントリンは農薬として登録されていないので、田畑で害虫を退治するために使うことはできません。しかし、家庭用品に使用することに対しては法的な制限がないので、防虫剤には使えるのです。

エムペントリンの毒性については、まだ明らかにされていませんが、衣類の大敵であるイガ（衣蛾）に対しては、ひじょうに強い毒性を発揮することが分かっています。

イガに対する強い毒性

エムペントリンのイガに対する毒性は、劇物で発がん性の疑いがあるジクロルボス（詳しくは、10章を参照のこと）よりも、むしろ強いのです。また、かつて使われていた殺虫剤のＢＨＣよりも、数倍強いのです。

ＢＨＣは、有機塩素系の殺虫剤で、戦後盛んに使われましたが、ひじょうに分解しにくく、土壌を汚染するということで、一九七一年に登録が失効し、使用できなくなりました。急性毒性が強いために劇物に指定されていて、マウスに対する経口投与実験で肝臓に腫瘍を、また、ラットに対する投与実験では甲状腺に腫瘍を発生させることがわかっています。

イガは、人間にとっては衣類を食い荒らす憎っくき昆虫ですが、彼らも生物であることには変わりなく、生きようとする行為が、結果的に人間に不利益をもたらしてしまっているです。

そのイガに対して、エムペントリンはこれだけ強い毒性をもっているわけです。人間やイヌ、ネコなどに対して、どれだけ毒性があるかははっきりわかっていませんが、何の影響もないとは考えられません。したがって、こうした無臭防虫剤もできるだけ使わないほうがよいと思います。

9章

虫よけスプレーは使わないほうがよい

もともとは兵隊を守るため

キャンプや山歩きなどアウトドアライフを楽しむ人がふえています。また、夏は花火大会や盆踊りなど、野外で家族とともに過ごす時間が多くなります。そんな時に厄介なのが、蚊とブヨです。どこに行っても、蚊はどこからかやってきて、チクッと刺しますし、ブヨは河原や草原、田んぼなどで遊んでいると、皮膚をかじって出血を起こします。

そこで、「虫よけスプレー」なるものの出番ということになります。腕や足などにシューッとスプレーすると、蚊やブヨが寄ってこないという優れものです。しかし、そうした昆虫を遠ざけるということは、「毒性があるのでは？」とふつうの感覚の人なら思うはずです。実はその通り

で、毒性があるからこそ、蚊やブヨが寄ってこないのです。

虫よけスプレーは、「スキンガード」（ジョンソン）、「ムシペールα」（池田模範堂）、「虫よけぬるスキンブロック」（白元）などいろいろな製品が出回っていますが、いずれも主成分は同じで、「ディート」という化学物質です。

ディートを開発したのは、実はアメリカ軍なのです。戦争の際、とくにジャングルでの戦争の際、兵士を一番悩ませるのは、蚊の襲撃です。そこで、兵隊を蚊から守る目的で開発されたのがディートなのです。それが、家庭用の製品にも利用されるようになったのです。

動物では神経に影響

しかし、アメリカでは、ディートの安全性をめぐって議論が沸き起こっています。ディートは湾岸戦争の際にも兵隊に使用されましたが、その帰還兵の一部に、記憶力減退、頭痛、疲労感、皮疹などの異変が見られました。これは、湾岸戦争症候群と言われています。

そこで、この病気とディートとの関連を明らかにしようと研究が行なわれました。デューク大学では、ラットの皮膚にディートを塗る実験が行なわれ、その結果、感覚運動機能の異常、神経伝達系への影響、大脳皮質や小脳の神経細胞死などが観察されたのです。なお、この実験結果は、二〇〇一年と二〇〇四年に発表されました。

これはネズミを使った実験ですが、人間の場合でも同様に神経系に影響する可能性があります。そこで、日本の厚生労働省では、二〇〇五年八月に「ディート（忌避剤）に関する検討会」を設置し、安全性について検討が行なわれました。

当然のことながら、デューク大学の実験データをどう評価するかが焦点になりました。いろいろ議論が行なわれましたが、メーカー側から「実験方法に不備があり、常に少数例で論じられていて再現性に乏しい」という意見が出され、また、「現在まで薬事法に基づく副作用報告はない」との理由で、結局のところ、ディートの使用を禁止するという結論にはいたりませんでした。

六ヶ月未満の乳児は使用禁止に

しかし、野放図に使用を認めるわけにはいかないということで、「六ヶ月未満の乳児には使用しないこと」などの注意表示をさせることが決まりました。そのため、現在の虫よけスプレーには、「六ヶ月未満の乳児には使用しない、・六ヶ月以上二歳未満は、一日に一回、・二歳以上十二歳未満は、一日に一～三回」との注意表示があるのです。

では、その注意表示を守っていればいいのかというと、そうともいえません。これまで、ディートによって、皮膚障害が起こったとの報告があるからです。症状は、皮膚の灼熱感、発赤《ほっせき》、水泡などであり、ひどくなると、潰瘍化がすすんでしまいます。目に入ると痛みを覚えるようで、使用の際には目に入らないようにしなければなりません。

また、虫よけスプレーを腕などに使った場合、霧状になった成分をどうしても吸い込むことになり、当然、ディートを吸い込むことになるので、この点も注意しなければなりません。

ディートは、ベンゼン核に炭素（C）や水素（H）、窒素（N）が結びついた化学構造をしています。やはり、ベンゼン核一個からできているのです。このことからも、要注意の化学物質であることが分かります。

虫よけスプレーは、一見便利そうには見えますが、やはりできるだけ使わないほうがよいでしょう。

虫よけスプレーを使わない方法

では、山歩きやキャンプをする際に、どうやって蚊やブヨの襲撃から逃れればよいのでしょうか？

秋から冬にかけてなら、また春の場合でも、長袖のシャツやズボンをはくようにすることで、蚊やブヨに刺されないですみます。夏の場合も、夕方になると涼しくなりますし、笹の葉や枝などで怪我をすることもありますので、なるべく長袖のシャツとズボンをはくようにしたほうがよいと思います。

それでも、暑いので半袖や半ズボンをはきたいときは、手作りの虫よけ剤を作ってみてはどうでしょうか？　千葉県船橋市にある「なのはな生協」によると、精製水九〇㎖に、リンゴ酢一〇㎖と、天然エッセンシャルオイル一〇滴を加えれば、虫よけ剤ができるといいます。

これなら、スプレー容器に入れて使ってもいいでしょうし、そのまま塗ってもいいでしょう。それに、多少吸い込んでもだいじょうぶでしょう。

10章

殺虫プレートを吊るしてはいけない

強力な殺虫成分を放出

天井から吊るして、ハエや蚊などを退治するという「殺虫プレート」なるものが売られています。図5のような形をしていて、中の黄色い板状のものから、殺虫成分が漂い出して、ハエや蚊などを殺すというものです。

しかし、殺虫成分が漂うだけで、ハエや蚊などを殺すわけですから、そうとう強い作用、毒性をもっていることが推察されます。

この製品を吊るすということは、その強い殺虫成分が常に空気中に放出されるということです。

そこで生活する人間は、常にそれを吸い込むということです。当然ながら、人間の体に影響がでないのか、心配されるわけです。

殺虫プレートは、アース製薬の「バポナ殺虫プレート」という製品が代表的です。ちなみに、私はこれ以外の製品は見かけたことがありません。この製品に使われている殺虫成分は、有機リン系農薬のジクロルボス（DDVP）です。

「ジクロルボス？」――どこかで聞いたことがありませんか？　実はジクロルボスは、二〇〇八年に発覚した「中国製冷凍ギョーザ事件」で、農薬のメタミドホスと共に検出された農薬なのです。

図5　殺虫プレートの構造

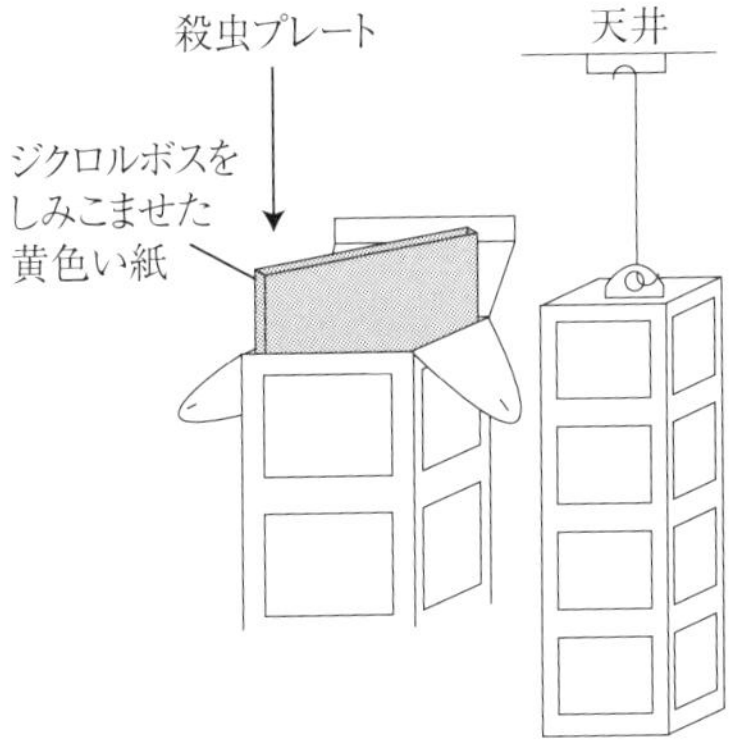

殺虫成分がギョーザ製品に付着

この事件をご記憶の方は多いと思います。正月気分が抜けきった一月末、千葉県と兵庫県で、中国製冷凍ギョーザを食べた家族が相次いで中毒を起こし、入院したということが、テレビや新聞で報じられました。

なんらかの方法で、害虫駆除に使われている有機リン系農薬のメタミドホス（日本では農薬としての使用は未承認）が、ギョーザにきわめて高濃度に混入していたのです。そのため、それを食べた人たちが中毒を起こし、意識不明の重体におちいった子どももいました。

その後、中国製冷凍ギョーザからはメタミドホス以外に、宮城県や徳島県などで、なぜかジクロルボスも検出されたのです。徳島県の場合、包装の外側から検出されましたが、中のギョーザや包装の内側からは検出されませんでした。

なぜ、袋の外側だけから、検出されたのか？　実は日本のスーパーの店内で吊り下げていた殺虫プレートからジクロルボスが放出されて、ギョーザの包装に付着していたのでした。つまり、ジクロルボスは店内の空気中を漂うだけでなく、いろんな商品に付着して汚染を引き起こしていたのです。

ジクロルボスは劇物

ジクロルボスは、劇物に指定されています。そのため、「バポナ殺虫プレート」を購入する際には、薬局で住所と名前を記入し、はんこをおさなければなりません。それだけ厳重に管理しなければならない毒性物質なのです。

劇物という言葉は時々耳にすると思います。これは、一定の毒性があることを意味しています。化学物質は、「毒物及び毒物取締法」によって、急性毒性の強いものは、その程度によって表1のように毒物と劇物とに分類されています。

経口というのは口から投与した場合という意味です。経皮は皮膚から毒物が入り込むという意

表2　劇毒区分の判定基準（LD50＝半数致死量、LC50＝半数致死濃度）

分類	毒物	劇物	指定なし
経口毒性LD50	30mg/kg以下	30～300mg/kg	いずれにも該当なし
経皮毒性LD50	100mg/kg以下	100～1000mg/kg	同上
吸入毒性LC50（ガス）	500ppm（4時間）以下	500～2500ppm（4時間）	同上
同上（蒸気）	2.0mg/ℓ（4時間）以下	2.0～10mg/ℓ（4時間）	同上
同上（ダスト・ミスト）	0.5mg/ℓ（4時間）以下	0.5～1.0mg/ℓ（4時間）	同上

（「指定なし」はいわゆる「普通物」）

出典）『農薬毒性の事典・改訂版』三省堂刊より

味。ＬＤ50は実験動物が半数死んでしまう投与量。ＬＣ50は実験動物が半数死んでしまう濃度です。いずれもその値が小さいほうが、毒性が強いことになります。

毒物のほうが毒性が強く、少ない量で動物が半数死んでしまいます。毒物の中でとくに毒性の強いものは特定毒物といいます。

劇物は、毒物ほどではありませんが毒性があるので、取り扱いに注意しなければならず、厳しく管理することが定められているのです。

ジクロルボスはラットに対する経口ＬＤ50が、一〇〇mg／kg以下であり、それで劇物に指定されているのです。

発がん性の疑いあり

さらに、ジクロルボスは、発がん性の疑いが持たれています。アメリカ国家毒性評価計画に基づいて行なわれた、ラットとマウスに対するジクロルボスの投与実験で、ラットのメスに膵臓腺腫（腺腫は良性の腫瘍）が、マウスの前胃扁平細胞に乳頭腫が認められました。

ニワトリの受精卵にジクロルボスを注入した実験では、ヒナに軟骨形成不全、くちばしの湾曲、頸骨の変形が見られました。つまり、催奇形性の疑いがあるということです。

また、ラットに吸入させた実験では、肺に充血が見られ、ウサギに投与した実験では、免疫力の低下が見られました。これは、感染症にかかりやすくなるということです。

人間でも被害が認められています。二〇〇〇年五月に、北海道・静内町の特別養護老人ホームで、害虫駆除会社がゴキブリ駆除のために、室内に農業用ジクロルボスくん煙剤を使ったところ、職員や入園者四五人が有機リン中毒におちいってしまったのです。また、美術館で使用されていた殺虫プレートによって、館員や入館者が健康被害を訴えたという例もあります（前出の『農薬毒性の事典・改訂版』）。

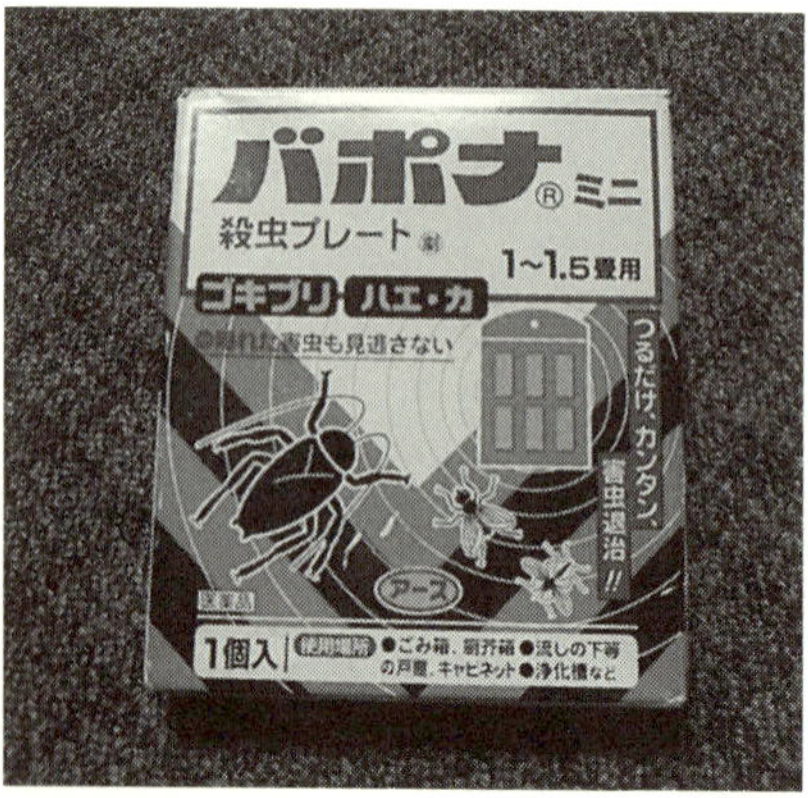

殺虫プレートは使ってはいけない

有機リン中毒になると、倦怠感、頭痛、めまい、吐き気、胸部圧迫、多量発汗、歩行困難などにおちいります。重症の場合、縮瞳《しゅくどう》、意識混濁、けいれん、尿失禁、呼吸困難などを起こして、死亡することもあります。

　これは、神経伝達物質のアセチルコリンの量をコントロールする酵素の働きが妨害され、アセチルコリンが蓄積して、神経系が刺激を受けたままの状態になるからです。

　ちなみに毒ガス兵器のサリンは、有機リン系の化学物質の中で最も毒性の強いものです。そのため、一九九五年三月に都内の地下鉄で発生した地下鉄サリン事件では、縮瞳やけいれん、呼吸困難などを起こす人が多数出たのです。

　ジクロルボスのように毒性の強い化学物質をふくむ製品は、家庭内で使うべきではありません。また、スーパーや食堂などでは、ハエがブンブン飛び回るのを防ぐために使っているようですが、それも止めるべきです。空気中を漂うジクロルボスをお客さんが吸い込むことになりますし、徳島県の中国製冷凍ギョーザのように食べ物に付着して汚染するからです。

11章

「ブルーレット」「セボン」は必要なし

なくてもいい「ブルーレット」

「すきま産業」を自認する小林製薬は、武田薬品工業や大正製薬などの最大手が手がけない、「小粒な」製品を次々に開発・販売し、利益をあげています。「あったらいいなをカタチにする」を標榜していますが、その製品の多くは、「なくてもいいよ」といえるものなのです。「ブルーレット」も、そんな商品の一つです。

その開発のきっかけは、飛行機の中でトイレを使用した小林製薬の社員が、青い洗浄液が流れ出るのを見て、これを一般家庭にも使えないかと思ったことだといいます。そして、一九六九年六月に「ブルーレット」が誕生しました。

しかし、そもそも飛行機の中と家庭は違うのです。飛行機のトイレは少ない水で洗浄する必要があります。電車もそうです。ですから、水に洗浄液や消毒液をまぜて流しているのです。

一方、一般家庭では、水道からひいた水を十分に流すことができます。したがって、家庭で洗浄液や消毒液を一緒に流す必要はないのです。

ところが「すきま産業」を自認し、ほかの会社が作らない製品を開発することに生き残りをかけている小林製薬にとっては、必要あろうがなかろうが関係なし。とにかく新しい製品を開発し、テレビなどでバンバン宣伝し、売りまくっています。しかし、必要ないだけならまだいいのですが、それが人体汚染や環境汚染をひき起こすとなると、放っておくことはできません。

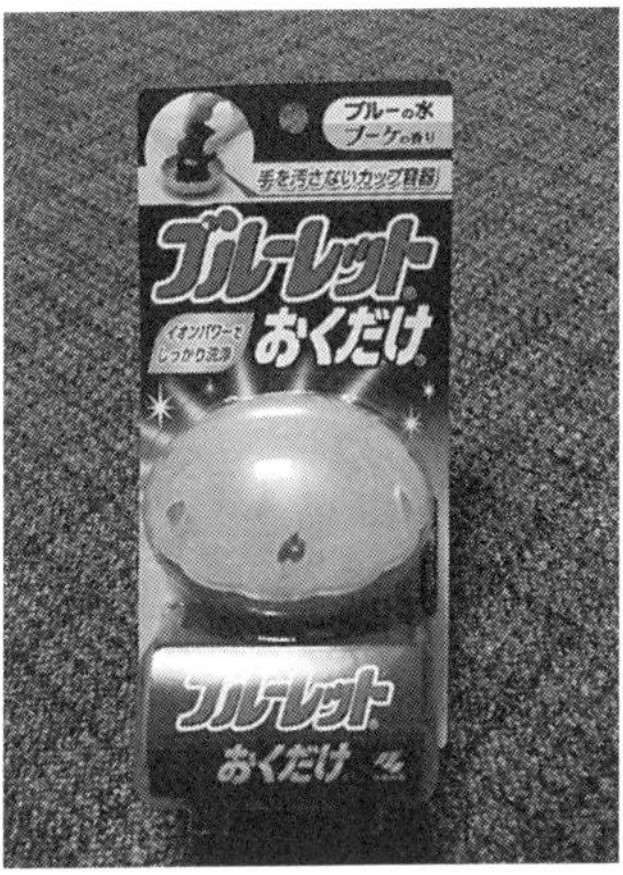

浄化能力を低下させる可能性

「ブルーレットおくだけ」の成分は、「外層：香料、界面活性剤（陰イオン、非イオン）、色素、酵素、キレート剤、緑茶抽出物、内層：界面活性剤（陰イオン、非イオン）、色素、キレート剤」です。界面活性剤が溶け出て、トイレを流す水に混じって、便器を洗浄するということなのでしょう。

「『ブルーレットおくだけ』は、タンク内器具をいためず、浄化槽及び浄化槽内のバクテリアや防露タンクに影響を与えません」と書かれていますが、浄化槽内のバクテリアにまったく影響をあたえないということはあり得ません。

トイレの排水を浄化する単独浄化槽にしても、お風呂や台所の生活排水も一緒に浄化する合併浄化槽にしても、汚染物質を浄化するのは、槽内に生息する微生物です。それらが、有機物を分解して、二酸化炭素や水などに変化させることで、汚染物質が減っていくのです。

しかし、合成界面活性剤は、陰イオン系にしても、非イオン系にしても、微生物の細胞膜に作用して、それを破壊する作用があります。したがって、槽内の微生物の数を減らす可能性があります。もし、それが減ってしまえば、有機物は分解されにくくなり、浄化能力は低下することになります。

浄化槽を通り抜ける化学物質

さらに問題なのは、合成界面活性剤や色素が浄化槽を通り抜けて、河川に流れ込んでしまうことです。

年々、日本の下水道は普及していますが、それでもまだ下水道のない地域も多いのです。社団法人・日本下水道協会によると、二〇〇六年三月三一日現在で、全国の下水道普及率（下水道利用人口÷総人口）は六九・三％ですが、地方の普及率は低く、たとえば徳島県は一一・五％、和歌山県は一四・三％にすぎないのです。そして、五〇％以下の県が一五県、五〇～六〇％の県が一一県もあるのです。

しかも、普及率の高い県でも、普及しているのは都市部であって、県の面積の多くを占める農村部では、まだまだ普及は進んでいないのです。私が住んでいる千葉県の普及率は六四％ですが、下水道のあるのは住宅が密集している市街地であって、水田や畑が広がる農村部では、下水道はありません。

下水道の普及していない地域で、トイレが水洗の場合は、単独浄化槽か合併浄化槽が設置されて、トイレの水はいったんそこで浄化されて、河川に流されることになっています。ちなみに、二〇〇一年四月からは、新築の家の場合、下水道のない地域では合併浄化槽の設置が義務付けられました。

「青い水」は環境にも健康にもよくない

しかし、単独浄化槽にしても、合併浄化槽にしても、汚物や化学物質を完全に分解・浄化できるものではありません。そのため「ブルーレット」から溶けでて、トイレの水に混じっている合成界面活性剤や色素などの一部は、浄化槽を通り抜けて河川に流れ込むことになります。

その結果、どうなるのでしょうか？　合成界面活性剤は、石けんに比べて分解されにくく、魚や貝、プランクトン、バクテリア、藻類などの生息にマイナスの影響をあたえることが分かっています。そのため、それらの生物が減って、河川の浄化能力が低下し、水質が汚染されやすくなると考えられます。

それから、実は家族の健康管理にも、あの「青い水」はよくないのです。なぜなら、大便の状態が青い水によって、よくわからなくなってしまうからです。

大便は、健康のバロメーターといわれます。その色や臭いで、健康状態をある程度知ることができるのです。胃や腸に出血があると、便は赤黒っぽくなります。ぢの場合は、血が混じります。また、大腸がんの場合も、血が混じることがあります。

ところが、青い水に便が混じってしまうと、色がよく分からないのです。そのため、胃や腸に異変が起こっていても、気付きにくいことになります。

排除命令を受けた「セボン」

「ブルーレット」と似た製品に、アース製薬の「セボン」があります。「トイレに、セボン」というテレビCMで知られる商品です。

この「セボン」に対して、公正取引委員会が、二〇〇七年一一月、景品表示法に違反しているとして、排除命令を出したのをご存知でしょうか?

排除命令をうけた商品は、「銀イオン+フッ素コートセボン」と「銀イオン+フッ素コート液体セボン」という商品で、どちらにも、「新配合銀イオンの力で、汚れ・悪臭の原因となるカビや雑菌を、流すたびに一ヵ月間しっかり除菌コート!」と表示されていました。

つまり、トイレのタンクの上に置くと、上部から流れくる水によって、銀イオンやフッ素系界面活性剤、非イオン系界面活性剤などが溶けて、それらがタンク内に溜まり、その水を流すことによって、便器を洗浄して雑菌やカビを除去するというものでした。

ところが、実際には殺菌効果のある銀イオンが出ていなかったのです。公正取引委員会が、公的検査機関に依頼して調べたところ、便器内を流れる水の銀イオンの濃度は、検出限界値の一ppb（ppbは一〇億分の一を表わす濃度の単位。一ppb＝1／1000×一ppm）以下だったのです。

そこで、同委員会は、「銀イオンの量は極めて少ないことから、当該薬剤を含んだ水が便器を流れることによって、銀イオンによる便器の表面のカビ及び雑菌を除去し増殖を抑制する効果は認められない」と判断して、「銀イオンで除菌」などの表示を止めるように命令したのです。

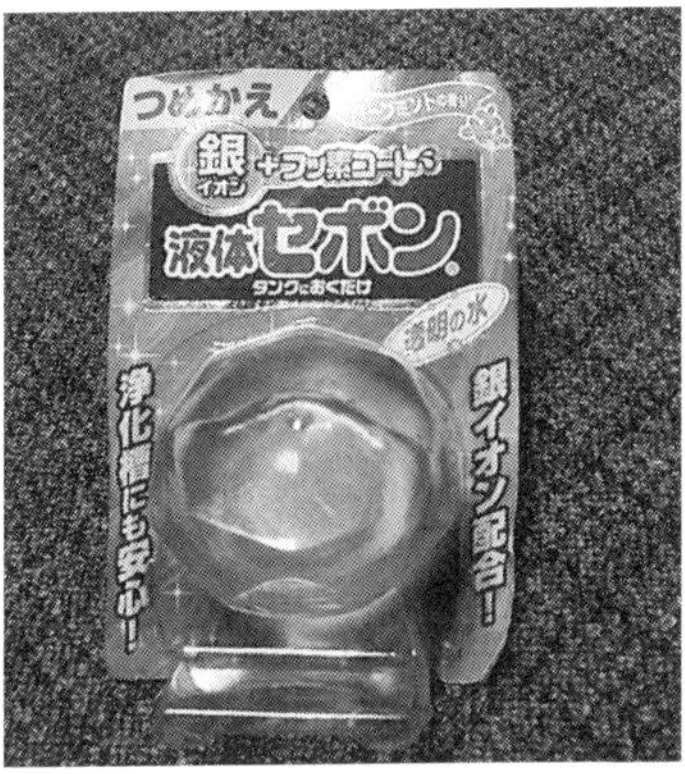

消費者を小バカにした表示

こうした命令があると、製品の販売が中止されることが多いのですが、アース製薬は図太い会社なのか、「セボン」の販売を中止しませんでした。なんと表示を巧妙に変えて、

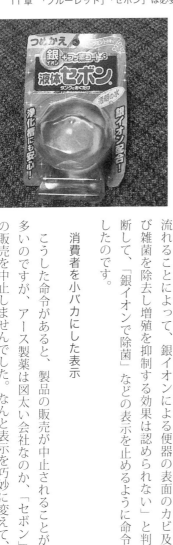

引き続き販売したのです。

しかし、その表示が消費者を小バカにしたような内容なのです。それは、「銀イオン配合」「銀イオンとフッ素配合で、トイレつるピカ！」「銀イオン配合の洗浄成分が、汚れ・悪臭の原因となる雑菌を流すたびに除菌！」というものです。

つまり、「銀イオンで除菌」や「新配合銀イオンの力で」という直接的な表現はなくなったのですが、結果的に、銀イオンによって除菌が行なわれるという意味合いはまったく変わっていないのです。

銀イオンの濃度が一ｐｐｂ以下で検出されない、すなわちその存在が確認できないのに、「銀イオンと」や「銀イオン配合の」という表現はおかしいのです。これでは、内容的には以前とほとんど変わりません。公正取引委員会も、ずいぶん甘く見られたものです。

銀イオンの悪影響

この商品は、表示の問題以前に、商品そのものに問題があります。なぜなら、銀イオンで便器を除菌するという方法自体に問題があるからです。

銀イオンはきわめて低い濃度で、細菌を殺す作用があります。アース製薬では、そこに目をつけて、「セボン」に使ったのでしょう。しかし、それが河川に流れ込んだ場合、そこに生息する生物に影響をもたらすことになります。

銀イオンは、わずか一～五ppbで、水生生物や無脊椎動物、硬骨魚類に対して致死性を示し、〇・一七ppbというきわめて低い濃度でもマスの誕生に有害な影響をもたらすのです（世界保健機関・国際化学物質安全性評価の国際簡潔評価文書No.四四より）。

前述のように、日本の下水道の普及率はそれほど高くはなく、しかも、農村部の普及はかなり低い状態にあります。普及してない地域では、単独浄化槽や合併浄化槽が設置されています。トイレの水に除菌できるほどの銀イオンが存在した場合、浄化槽のなかのバクテリアを殺して減らしてしまう可能性があります。そうなれば、浄化能力が低下することになります。そして、もし、銀イオンが河川に流れ込めば、そこに生息する植物や動物にも影響をもたらすことになります。

買わなければいい！

この点について、メーカーはどう考えているのでしょうか？　私は、『週刊金曜日』二〇〇八年一月一八日号の「新・買ってはいけない」で、「銀イオン＋フッ素コートセボン」と「銀イオン＋フッ素コート液体セボン」を取り上げたましたが、その際に、アース製薬にその点を質問しました。すると、広報担当者は、「製品に『浄化槽、防露タンクにも悪影響を与えませんので、安心してお使いいただけます』と書いてある通りで、それ以上のことは分からない」と返答したのみでした。

要するに、銀イオンが河川に流れ込むかどうか、もし流れ込んだ場合はどんな影響を与えるかについては、まったく考慮していないということなのです。製品さえ売れれば、周辺の河川にどんな影響をあたえようが、知ったことではないということなのでしょう。

こうしたメーカー側の「利益だけ上がればいい」という態度を認めてしまってよいのでしょうか？　よいはずがありません。こうしたメーカーの態度を変えさせるためには、消費者が製品を買わないようにしなければならないのです。

12章

入浴剤はほとんど効果なし!

なぜ、入浴剤を入れるのか

「子どもの頃に入っていたお風呂は緑色だった」という人は、ひじょうに多いと思います。かくいう私もそうでした。今でも、家のお風呂は緑色という人も多いと思います。それだけ「バスクリン」などの入浴剤が、どこの家庭でも使われているということなのでしょう。

それにしても、なぜ、入浴剤を入れるのでしょうか? 肩こりや疲れがとれるから? それとも身体がよくあたたまるから? 血行がよくなるから?――しかし、いずれも勝手な思い込みなのです。そんな効果は入浴剤にはないのです。

効果がないことは後で詳しく説明することにして、まず、なぜ緑色なのか考えてみましょう。

あの色は、おそらく自然の森や若葉を利用者にイメージさせようという狙いがあると思うのですが、実際はそれとは似ても似つかない色素が使われているのです。それは、タール色素の青色一号や黄色四号などだからです。

タール色素は、石炭を精製する際に発生するコールタールを原料にして化学合成されたために、その名がつけられました。ところが、その後コールタールは使われなくなりました。というのも、発がん性があることがわかったからです。実はコールタールは、世界で始めて動物にがんを起こすことが証明された物質なのです。

タール色素の誕生

タール色素は、一九世紀の半ばにドイツで初めて化学合成されました。しかし、最初からそれはがんとの関係が取沙汰されていて、その後も常にがんとの関係が疑われてきたのです。

ご存知のように一八世紀の後半頃から、イギリスで産業革命が起こり、それに遅れをとったドイツでは、国をあげて化学工業の発展に力を入れました。その結果、一八五〇年代にタール色素が開発され、人工染料として使われるようになったのです。そしてドイツは全世界にタール色素を輸出するようになりました。

ところが、一八九五年にこれらの人工染料ががんと関係することがわかりました。ある医師が四人の膀胱がんの患者を診察したところ、すべてが染料工場で働いていたことがわかったのです。

その後、ドイツばかりでなく、世界各国で染料工場の労働者の間で、膀胱がんが発見され、タール色素との関係が疑われたのです。

タール色素と発がん性

タール色素の種類はひじょうに多く、衣料品、雑貨、化粧品、医薬品、食品などに使われています。ちなみに、化粧品の成分として認められているものが八三種類、食品添加物として認められているものが一二種類あります。

しかし、タール色素は、「アゾ結合」や「キサンテン結合」などの独特の化学構造を持っていて、発がん性や催奇形性などの疑いがもたれているものがとても多いのです。

実際、食品添加物として使用が認められていたもので、あとになって発がん性などの毒性があることがわかって、使用禁止になったものが数多くあります。赤色一号、赤色一〇一号、黄色三号、紫色一号などがそうです。

現在、食品添加物として認可されている一二種類のタール色素（赤色二号、赤色三号、赤色四〇号、赤色一〇二号、赤色一〇四号、赤色一〇五号、赤色一〇六号、黄色四号、黄色五号、緑色三号、青色一号、青色二号）も、すべて発がん性の疑いがもたれています。とくに赤色二号は問題があります。

一九七五年、アメリカで行なわれたラットを使った実験で、赤色二号に発がん性の疑いが強まったため、同国では使用が禁止されたのです。実験では、赤色二号をふくむえさが四四匹のラットにあたえられ、一四匹にがんが発生しました。しかし、日本の厚生省（当時）は、この実験に不備があるという理由で、赤色二号の使用を禁止しませんでした。

この実験では、ラットの半数が死亡したり、動物を混同するなどのミスがあったといいます。しかしアメリカでは、そうしたミスも考慮したうえで、「赤色二号は危険性が高い」と判断して使用が禁止されたのです。したがって、本来なら日本でも禁止されるべきものなのです。

タール色素は、ひじょうに分解されにくく、しかも細胞の遺伝子（DNA）にからみつくような化学構造をしています。そのため、遺伝子がおかしな構造になってしまって、細胞分裂の際に突然変異を起こしやすくなって、細胞のがん化につながると考えられます。

青色一号に発がん性の疑い

タール色素は、お風呂のお湯に独特の色をつけるために、市販されている入浴剤のほとんどに使われています。たとえば、「バブ　森の香り」（花王）には、青色一号と黄色四号が使われています。青色一号は、「バスロマン　森林温浴」（アース製薬）にも使われています。

しかし、青色一号も、発がん性の疑いがもたれているのです。青色一号を二％、または三％ふくむ液一㎖を、ラットに週に一回、九四〜九九週にわたって皮下注射した実験で、七六％以上にがんが発生したのです。また、別のラットを使った実験でも、注射によってがんが発生することが確認されています。

これは注射による実験ですので、口から入った場合や皮膚に触れた場合とは違いますが、注射された青色一号が、おそらく細胞の遺伝子を変異させて、がんを発生させたことは間違いないでしょう。

一方、黄色四号は、今のところ発がん性が認められたと言う実験データは見当たりません。しかし、遺伝子に絡み付いて突然変異を起こしやすい化学構造をしており、発がん性の疑いは否定できません。これまでの動物実験で、たまたまがんが発生しなかっただけなのかもしれないのです。

それから、黄色四号は食べものと一緒に摂取した際に、ジンマシンを起こすとの皮膚科医の指摘があります。皮膚に触れた場合でも、デリケートな人の場合、アレルギー症状がでる可能性があると考えられます。

温泉シリーズにもタール色素が

「ツムラの日本の名湯」（ツムラライフサイエンス）や「旅の宿」（クラシエホームプロダクツ）など

の温泉シリーズの入浴剤がありますが、これらもほとんどがタール色素でお湯を色ずけするものです。

なかでも、「ツムラ　紀の国の湯　龍神E—a」には、問題の赤色二号が使われているので要注意です。龍神温泉は、和歌山県の山間部にあって、美人の湯として知られています。私も一度行ったことがありますが、山に囲まれたきれいな川沿いに何軒かの温泉宿があり、ひっそりとした温泉地です。

その温泉の色を、赤色二号と赤色二三〇（一）号で出そうとしているようですが、天然のお湯の色を、こんな人工的な着色料で出せるはずがありません。さらに、人工的な香料で温泉の香りを出そうとしているようですが、それもできるはずがないのです。

このほか、「旅の宿」シリーズの「湯布院　クラシエ薬用入浴剤　TY」には、赤色一〇六号、黄色四号、青色一号が、「露天湯めぐり」（アース製薬）の「長野五色の湯」には、青色一号、黄色四号、緑色二〇四号が使われています。

赤色一〇六号は、発がん性が認められたという実験データは見当たりませんが、細菌を突然変異させたり、染色体異常を引き起こすというデータがあります。

青色一号は、青色二号と同様に注射によって、がんが発生したというデータがあります。ラット八〇匹に対して、青色一号を二％ふくむ水溶液を週に一回、二年間注射した実験で、一四匹にがんが発生しました。中には、転移した例もありました。

タール色素の肌への影響

入浴剤に配合されたタール色素は、お湯にとけて緑や青、赤などの鮮やかな色をだします。当然ながら、それらの色素が皮膚に付着するわけです。その影響はないのでしょうか？

タール色素は、厚生労働省によって、指定成分としてリストアップされていました。指定成分とは、アレルギーや皮膚炎、がんなどを起こす可能性があるということで、表示が義務付けられていた成分です。

現在、医薬部外品（入浴剤は、医薬部外品に当たる）は全成分の表示がなされていますが、以前は指定成分だけが表示されることが多かったのです。タール色素は指定成分なので、以前から表示されていました。したがって、タール色素の溶けたお湯に入った場合、肌がデリケートな人は、アレルギー性の皮膚炎などを起こす可能性があるのです。

また、タール色素が皮膚から吸収されて、血液や内臓などに影響をおよぼすことはないのか、という心配もあります。最近、「経皮毒」という言葉を耳にします。経皮、すなわち皮膚を通して、化学物質が体内に侵入し、現われる毒性のことです。

経皮毒については、まだ研究がそれほど進んでおらず、実際にどの程度の影響があるのか定かではありませんが、皮膚には、汗腺や毛穴がたくさんあります。そこから化学物質が侵入して、体内に入り込んで影響をおよぼすことは十分考えられます。

そもそも、お風呂に化学物質を溶かして色をつけることにどれほどの意味があるでしょうか？　最初は、緑のお湯に入ったとき、透明のお湯とは違って多少気分がよく感じられるかもしれません。しかし、たいていしだいにその色に慣れて、飽きてくるものです。

むしろ気分が悪くなるという人も少なくないのではないでしょうか。おそらく、直感的に「あまり身体によくない」と感じるからでしょう。そんな入浴剤をわざわざ買ってきて、使う必要はまったくないのです。

タール色素が河川を汚染

タール色素が環境汚染を引き起こすという問題もあります。地方の農村部に行った際に、細い川が緑色に変色している光景に出くわすことがあります。下水道が普及しておらず、入浴剤を入れたお風呂の水が垂れ流され、河川を汚染しているのです。

最近では、下水道のない地域では、合併浄化槽を設置している家が増えました。そのため、お風呂の水がそのまま河川に垂れ流されるということは、以前よりは減りました。しかし、一章でも書いたように、お風呂や台所の廃水が十分浄化されるかというと、疑問が残ります。

お米のとぎ汁や石けんなどの分解しやすいものは浄化できると思いますが、分解しにくいタール色素は、あまり分解できないでしょう。したがって、合併浄化槽を設置している家庭でも、タール色素入りの入浴剤を使えば、少なからず周辺の川を汚染することになるのです。

こうした環境汚染を減らす意味でも、入浴剤の使用を止めてほしいと思います。

神経痛・リウマチ・痔まで治るの？

ところで、この章の冒頭でも書いたように、なぜ、お風呂にわざわざ入浴剤を入れるのでしょうか？「疲れがとれるから」「肩こりや腰痛が治るから」などと答える人もいるでしょう。しかし、入浴剤に本当にそれらの効能があるのでしょうか？

「バスクリン」や「バスロマン」、「バブ」などは、いずれも医薬部外品です。したがって、一定の効能を表示することが認められています。

たとえば、「バスクリン」の容器には、「効能：疲労回復、肩のこり、腰痛、冷え症、神経痛、リウマチ、痔、荒れ性、あせも、しっしん、にきび、ひび、しもやけ、あかぎれ、うちみ、くじき」とあります。それにしてもすごい効能です。とくに医者でもなかなか治せない「神経痛」「リウマチ」「痔」にまで効能があるというのは驚かされます。

「バスクリン」ばかりではありません。「バスロマン」にも「バブ」にも、同じ効能表示があるのです。

これだけ効能があるのだから、さぞかしすごい成分が入っているのだろうと表示を見ると、「バスクリン　森の香り」は、乾燥硫酸ナトリウムと炭酸水素Na（ナトリウム）のみ。また、「バスロマン　森林温浴」が「バスクリン　森の香り」と同じで、「バブ　森の香り」が炭酸水素ナトリウムと炭酸ナトリウム。ちなみに、炭酸水素ナトリウムは、いわゆる重曹のことで、ふくらし粉として食品にも使われているものです。炭酸ナトリウムは、洗濯用石けんにもふくまれています。それにしても、たったこれだけの成分で、肩こりや腰痛、冷え症、さらには神経痛やリウマチ、痔にまで効くとはとうてい信じられません。

効能は確かめられていない

実は、入浴剤に表示された効能は、実際に確かめられたものではないのです。入浴剤は、厚生労働省が定めた「浴用剤製造（輸入）承認基準」に基づいて、製造が承認されていますが、この基準が実にいい加減なのです。

というのも、基準に載っている塩化ナトリウム（食塩）や炭酸水素ナトリウム（重曹）、乾燥硫酸ナトリウムなど一四種類の成分のうち、どれでも合計七〇％以上配合していれば、それだけで、「あせも、荒れ症、うちみ、くじき、肩のこり、神経痛、しっしん、しもやけ、痔、冷え症、腰痛、リウマチ、疲労回復、ひび、あかぎれ、産前産後の冷え症、にきび」を、すべて効能または効果として表示できるからです。

極端な話、食塩を七〇％以上含んでいれば、これらの効能をすべてうたうことができるのです。お風呂に塩を入れただけで、肩こりや神経痛、リウマチ、痔まで治る……。これはどう見ても本当ではありません。

私は、『週刊金曜日』二〇〇七年二月一六日号の「新・買ってはいけない」で、ツムラライフサイエンスの「きき湯」を取り上げましたが、その際、厚生労働省医薬食品局・審査管理課の担当官に入浴剤の効果について質問したところ、次のような驚くべき答えが返ってきました。

「入浴剤（浴用剤）は、温泉に入っている成分を人工的に作って、それを入浴する際に使おうというもの。肩こりが治る、血行を促進するなどが入浴剤の効能としてあるが、実際にそれを確かめる臨床試験が行なわれたことはないと思う。この基準にある効能・効果は、天然の温泉でいわれている効能・効果をそのまま持ってきた部分があると思うが、塩化ナトリウムなどの成分を入れて、温泉と同じような効果を期待するものではない。入浴剤を使っている人も、リウマチや神経痛、痔などが完全になおるまでの効能・効果は期待してないと思う」

メーカーも確認せず

つまり、効能・効果は何一つ確かめられていないのです。にもかかわらず、前のような効能を堂々と表示することを認めているのです。

それにしても、リウマチや神経痛などに関して効能を表示することを認めておきながら、「入浴剤を使っている人も、………効能・効果は期待していないと思う」とは、いったいどういうことなのでしょうか。健康食品などで、業者が勝手に効能を表示して売れば、薬事法違反で逮捕されてしまいます。それだけ、健康食品に対しては取締りが厳しいのに、入浴剤についてはこんなに甘いのは、矛盾しているとしかいいようがありません。

一方、入浴剤のメーカーも、効能を確認しているわけではないのです。ツムラライフサイエンスの広報担当者は、「厚生労働省の基準に従った成分を使っており、効能も表示している。当社が独自に臨床試験を行なって、効能を確認しているわけではない。ただし、入浴剤の有効成分を入れた場合と、入れない場合でのサーモグラフィーによる皮膚の温度の違いや水分の違いは確かめている」と答えています。これでは、消費者はいったい何を信じて入浴剤を買えばよいのでしょうか？

温泉シリーズも効果は確認されず

「『旅の宿』や『日本の名湯』などの温泉シリーズは、効果があるんじゃないの？」と思っている人がいるかもしれません。しかし、残念ながら、それは勝手な思い込みというものです。

温泉シリーズの入浴剤も、前の「浴用剤製造（輸入）承認基準」に基づいて、製造が承認されています。したがって、「バスクリン」などとまったく同じなのです。塩化ナトリウムや炭酸水素ナトリウムなどを七〇％以上ふくんでいれば、神経痛やリウマチ、痔などに効くと表示できるのです。

たとえば、「ツムラ　豊の国の湯　湯布院Ｅ―ａ」の有効成分は、炭酸水素Na、乾燥硫酸ナトリウム、沈降炭酸Ca、塩化K。「バスクリン　森の香り」の有効成分に、沈降炭酸Caと塩化Kが加わっただけです。炭酸Caは、卵の殻の成分。塩化カリウムは、カリ岩塩。これらを加えたからといって、それほど効果が高まるとは考えられません。

　では、「バスクリン」などと何が違うかと言うと、着色料と香料です。これらの違いによって、温泉らしいにおいや色を出しているのです。ただし、私には、とても温泉とは感じられません。

人工的な鼻をつくにおいと、やけに鮮やかな染料が混じっているだけという感じです。

　ちなみに、キング化学（白元グループ）の「いい湯　旅立ち」の場合、「豊後　湯布院」や「駿河　伊豆」など各地の温泉の素があるのですが、有効成分は、すべて炭酸水素ナトリウムと硫酸ナトリウムです。どこの温泉も、有効成分がどれも同じなんてことはあり得ません。

　ならば、「豊後　湯布院」と「駿河　伊豆」の違いは何かというと、やはり香料と着色料の違いなのです。これで、温泉の素といえるのでしょうか？

氾濫する遊び感覚の入浴剤

最近では、従来の入浴剤のほかに、遊び感覚で使う入浴剤が、コンビニや雑貨店（東急ハンズやロフトなど）で売られています。たいてい一袋ずつのバラ売りになっていて、一つ一〇〇〜三〇〇円とけっこうします。

その数たるや膨大で、おそらく何百種類にものぼると思います。おおよそ分類すると、食べもの系、マンガ系、タレント系、キャラクター系、温泉系、ハーブ系、アロマ系、ゲルマニウム系などとなります。

もちろん食べもの系といっても、食べられるわけではありません。「いちごみるく」や「チョコレート」など、袋を食べもののデザインにして、色やにおいもそれに似せているだけです。なかには、おにぎりやボールの形をした入浴剤もあります。

これらはあくまで遊び感覚なので、一部の温泉タイプは医薬部外品ですが、ほとんどは雑貨品です。したがって、効能を表示することはできません。しかし、実際には「お肌をしっとり」「なめらかボディ」「なめらか美肌」など、効果を暗示するような表示がなされています。

また、これらの入浴剤は、ほとんどにタール色素が使われています。赤色一〇六号、赤色二二七号、黄色四号、青色一号、青色二号、青色二〇五号などです。それから、香料もほとんどの製品に使われています。

値段も決して安くはなく、効能はほとんど期待できません。子どもが間違って、口に入れてしまうという心配もあります。したがって、いくら遊び感覚とはいえ、安易な使用はやめたほうがよいでしょう。

自然の入浴剤で温泉気分

入浴剤には、いろいろ効能が書かれていますが、それらのほとんどはお風呂に入って、お湯で体が温まることによるものと考えられます。体が温まると、血管が広がって、血行がよくなります。それによって、冷え症や腰痛、肩こり、ひび、あかぎれ、しもやけなどが改善されます。さらに、疲れもとれます。

また、体がお湯で洗われることによって、あせも、荒れ症、しっしん、にきびなどが改善されると考えられます。つまり、ふつうのお風呂に入れば、入浴剤に書かれた効能のほとんどが得られるのです。

したがって、わざわざ入浴剤を買ってきて入れる必要はないのです。

それでもたまには「ゆっくり温泉気分を味わいたい」ということもあるでしょう。そんな時は、天然の「湯の花」を入れてみてはどうでしょうか？　これも、雑貨店などで売られています。タール色素や香料はふくまれず、いろいろな温泉成分をふくんでいるので、温泉気分を味わうことができます。

また、自然のゆずや菖蒲のみを使った入浴剤も売られているので、それを使ってもよいでしょう。私も試しに使ってみましたが、ほんのりとしたゆずや菖蒲の香りがして、とても気持ちよくお風呂に入ることができました。

もちろん、買うのはもったいないという人は、ミカンの皮を干すなどして、自前の入浴剤を作ってみてもいいでしょう。

13章

まずは家庭内から化学物質を減らそう

テレビによるマインドコントロール

これまで取り上げてきた商品は、誰でも一度は名前を聞いたり、見たことがあるというものばかりだと思います。それだけ多くの人に利用されて、生活に影響をおよぼしているということです。

しかし、これらの商品をどうして使っているのでしょうか？　本当に必要なものだと納得して使っているのでしょうか？　ほとんどの人はテレビＣＭなどによって、「必要で、便利だ」と思いこまされているだけなのではないでしょうか？

これまでテレビは、多くの人の心をコントロールしてきました。除菌・消臭スプレーは、その典型といえます。

毎日のように「ファブリーズ」のCMが流され、「汗臭いのは、ダメ」「臭いは、悪」といわれ続けて、「ファブリーズ」をスプレーすることが正しいことのように何度も繰り返されると、よほど批判的な目を持つ人でない限り、「ファブリーズを使うのは当然」という思いを抱《いだ》かされてしまうでしょう。

また、「すみずみまで効くバルサン」と訴え続けられれば、「部屋中のゴキブリやノミを退治できるなら使おう」と思って、買い求めてしまう人も多いでしょう。「夏は蚊取り線香を使うもの」ということを繰り返されれば、そうするものだと頭に刷り込まれてしまうでしょう。こうしたことが、いろんな商品で起こっているのです。

民放の番組は一見タダで見られるように思われていますが、そうではないのです。こうした商品にCM料金が上乗せされていますから、商品を買うことで、視聴料を払っているのです。実際には、ずいぶん高い視聴料を払わされているのかもしれません。

罷り通る不合理

企業は、利潤を上げることを目的として活動していますから、テレビなどで自社の製品をPRするのは当然かもしれません。ただし、消費者にとって不利益をもたらすようなCMは困りものなのです。

しかし、そうしたCMが多いように思います。「使わなくてもいい製品」を、いかにも「必要な製品」と消費者に思い込ませ、売り上げを伸ばして、利益を上げている企業が多いのです。

その結果、各家庭では、狭い家の中が余計な商品で溢《あふ》れかえり、いっそう狭くなるというケースが多く見受けられます。それだけならまだしも、さらにそうした製品によって、知らないうちに健康被害を受けている人も少なくないように思います。

わざわざお金を払って買ったのに、本当は必要もなく、健康被害までこうむる——これは誰がどう見ても、不合理、理不尽だと思います。しかし、そういうことが罷《まか》り通っているように思えてなりません。

こうした状況をそのままにしておけば、消費者はさらに不利益をこうむるばかりです。したがって、少しずつ変えていかなければならないのです。

化学物質は体にとって「異物」

まず、テレビCMは疑ってかかりましょう。一つの経済原則があります。それは、本当に必要なものは、宣伝をしなくても売れるということです。たとえば、塩や砂糖、米などは宣伝をしなくても、売れるのです。

それにひきかえ、必要のないものは、バンバン宣伝をしなければ売れません。ですから、CMが盛んな製品ほど、「本当は必要ないんじゃないの?」と疑ったほうが賢明です。

また、一見便利そうに見える家庭用品は、なぜそうなのか、よく考えて見ましょう。多くの場合、安全性の不確かな化学物質が使われていることが多いのです。本書で取り上げた商品は、すべてそういう製品ですし、ほかにも同様な製品がたくさんあります。

化学物質がすべて悪いというわけではありませんが、それらの多くは、とくに石油や石炭を原料としているものは、もともと自然界に存在しない化合物が多く、人間の体にとっては「異物」なのです。それらは炭水化物やタンパク質、ビタミンなどの天然物と違って、体内で代謝されず、細胞や遺伝子に影響をあたえるものが多いのです。

その結果、細胞ががん化したり、体のさまざまなシステム――ホルモン系、免疫系、神経系などが影響を受けて正常に機能しなくなることが心配されるのです。

さらに、それらは、もともと自然界に存在しないために、自然の中では、分解されないものが多いのです。その典型は、農薬のＤＤＴやカネミ油症事件を引き起こしたＰＣＢ（ポリ塩化ビフェニール）などです。

これらは、一九七〇年代の初めに使用が禁止されましたが、分解されずに自然環境中を漂い続けています。そのため、今でも土壌や海水から検出されます。

家庭内で使われる有機塩素化合物

ＤＤＴやＰＣＢは、有機塩素化合物の一種です。有機塩素化合物は、自然界にはほとんど存在せず、それゆえにほとんど分解されません。本書で取り上げた「ファブリーズ」などに使われている第四級アンモニウム塩の代表格である塩化ベンザルコニウムや塩化ベンゼトニウムも有機塩素化合物の一種です。

また、「バルサン」や「アースレッド」に使われているペルメトリン、「パラゾール」のパラジクロロベンゼン、「バポナ殺虫プレート」のジクロルボスも、有機塩素化合物です（ジクロルボスは有機リン化合物でもある）。

したがって、家庭の空気中にいったん放出されると、それらはなかなか分解されずに、環境中をグルグル回って汚染を続けることになります。

有機塩素化合物ばかりでなく、タール色素や合成界面活性剤なども自然界では分解されにくいのです。そのため、河川に流れ込んだ場合、魚介類やプランクトン、藻類などに影響をおよぼすことになります。

私は、二〇〇八年一一月に、『花王「アタック」はシャツを白く染める』（緑風出版）という本を出版しましたが、そこで取り上げた「アタック」（花王）や「アリエール」（P＆G）などに使われている合成界面活性剤や蛍光増白剤も、自然界では分解されにくく、生物に悪影響をもたらすことになります。

こうして私たちは、毎日なにげなく家庭用品を使うことで、地球に負荷をあたえる化学物質を環境中に撒き散らしているのです。

撒き散らされる化学物質

一八世紀の産業革命以降、我々人間は石炭や石油といった化石燃料を化学産業などに利用したり、また、発電や自動車などの燃料として利用したりすることによって、さまざまな化学物質を環境中に排出してきました。

その結果として、大気汚染が起こり、光化学スモッグが発生し、酸性雨が降り、さらにオゾン層の破壊や海洋汚染などが起こっています。そして、今、地球温暖化が最大の問題になっています。人間が起こした汚染が、そのまま私たち人間に跳ね返ってきているのです。

いうまでもなく人間は空気を吸わなければ生きていくことができず、また、水を飲まなければやはり生きていけません。そうした我々の生命を維持するために不可欠な空気と水を、大量の化学物質を排出し続けることで汚染しています。どうしてこう安易に汚染し続けて平気なのか、不思議でなりません。

しかし、やっとみんなが「このままでは大変だ」ということに気づき始めたようです。そして、この状態を変えようという機運が、世界的に起こりつつあるようです。ガソリン車やディーゼル車を電気自動車や燃料電池車に変えようという動きは、その典型でしょう。

また、太陽電池や風力発電が少しずつ普及しています。ドイツでは、これらのクリーンエネルギーは、自動車に次ぐ基幹産業になりつつあり、多くの雇用を生み出しているといいます。今後、日本でも太陽電池が急速に普及することになるでしょう。

健康にも家計にもプラス！

今、時代は曲がり角、あるいは転換点にあるといえます。これまでの産業の在り方を見直し、地球温暖化を防ごうと、世界各国の政府や企業が対策をたて始めています。また、持続型のエネルギーを普及させようという取り組みも始まっています。

地球は有限で、意外ともろいものであることが分かってきました。したがって、このまま化学物質を排出し続けて、地球の循環システムを壊していけば、この先、地球はどうなってしまうかわかりません。

工場や発電所から排出される化学物質も、自動車から排出される化学物質も、そして、家庭用品から排出される化学物質も、人間の体や自然環境にとっては好ましくないものが多く、その点では共通性があります。

したがって、今後は、こうした化学物質をもっともっと減らしていく必要があるのです。まずは、できることから始めましょう。つまり、本来必要のない除菌・消臭スプレーやトイレ用消臭スプレー、くん煙剤、入浴剤などを使わないようにすることです。そのことによって、地球に負荷をあたえる化学物質が減り、結果的には、健康にもプラスになり、家計にもプラスになるのですから。

[著者略歴]

渡辺　雄二（わたなべ　ゆうじ）

1954年生まれ。栃木県出身。宇都宮東高校卒、千葉大学工学部合成化学科卒。消費生活問題紙の記者を経て、82年よりフリーの科学ジャーナリストとなる。以後、食品、環境、医療などの諸問題を、「朝日ジャーナル」「週刊金曜日」「中央公論」「世界」などに執筆・提起し、現在にいたる。とくに合成洗剤、食品添加物、ダイオキシンなど化学物質の毒性に詳しく、講演も数多い。

著書　『食卓の化学毒物事典』『アレルギー児が増えている』（三一書房）、『暮らしにひそむ化学毒物事典』（家の光協会）、『体を壊す13の医薬品・生活用品・化粧品』（幻冬舎新書）、『食品添加物の危険度がわかる事典』（KKベストセラーズ）、『あぶない抗菌・防虫グッズ』（青木書店）、『食べてはいけない添加物　食べてもいい添加物』（だいわ文庫）、『新・ヤマザキパンはなぜカビないか』（緑風出版）、『花王「アタック」はシャツを白く染める』（同）、『喘息・花粉症・アトピーを絶つ』（同）、200万部のベストセラーとなった『買ってはいけない』（共著、金曜日）など。

ファブリーズはいらない【増補改訂版】
——危ない除菌・殺虫・くん煙剤

2009年12月12日　初版第1刷発行　　定価1600円＋税
2016年 5月20日　増補改訂版第1刷発行

著　者　渡辺雄二©
発行者　高須次郎
発行所　緑風出版
〒113-0033　東京都文京区本郷2-17-5　ツイン壱岐坂
［電話］03-3812-9420　［FAX］03-3812-7262［郵便振替］00100-9-30776
［E-mail］info@ryokufu.com［URL］http://www.ryokufu.com/

装　幀　堀内朝彦／斎藤あかね　イラスト　Nozu
制　作　R 企 画　　印　刷　中央精版印刷・巣鴨美術印刷
製　本　中央精版印刷　　用　紙　大宝紙業・中央精版印刷　E1000

ISBN978-4-8461-1607-1　C0036